科學少年學習誌

編／科學少年編輯部

科學閱讀素養
理化篇 3

遠流

科學少年學習誌

科學閱讀素養 理化篇 3　目錄

課程連結表

文章主題	文章特色	搭配108課綱（第四學習階段 — 國中）	
		學習主題	學習內容
世紀天才：現代物理學之父——愛因斯坦	認識影響人類科學發展的偉大科學家愛因斯坦的生平故事，以及他所提出的科學觀點。	物質的組成與特性（A）：物質組成與元素的週期性（Aa）	Aa-IV-1原子模型的發展。
		物質系統（E）：自然界的尺度與單位（Ea）	Ea-IV-1時間、長度、質量等為基本物理量，經由計算可得到密度、體積等衍伸物理量。
			Ea-IV-2以適當的尺度量測或推估物理量，例如：奈米到光年、毫克到公噸、毫升到立方公尺等。
磁力會跳舞	本文藉由動手做實驗，探討磁力的特性與原理，適合做為科學探究的教材或科展的研究主題。	改變與穩定（INd）*	INd-III-13施力可使物體的運動速度改變，物體受多個力的作用，仍可保持平衡靜止不動，物體不接觸也可以有力的作用。
		物質系統（E）：力與運動（Eb）	Eb-IV-1力能引發物體的移動或轉動。
			Eb-IV-2力矩會改變物體的轉動，槓桿是力矩的作用。
身歷其境的3D電影	介紹3D電影的科學原理與技術；同時了解什麼是偏振光。	自然界的現象與交互作用（K）：波動、光及聲音（Ka）	Ka-IV-1波的特徵，例如：波峰、波谷、波長、頻率、波速、振幅。
			Ka-IV-3介質的種類、狀態、密度及溫度等因素會影響聲音傳播的速率。
			Ka-IV-7光速的大小和影響光速的因素。
			Ka-IV-10陽光經過三稜鏡可以分散成各種色光。
		生物體的構造與功能（D）：生物體內的恆定性與調節（Dc）	Dc-IV-1人體的神經系統能察覺環境的變動並產生反應。
失控的高科技廢棄物	手機帶來便利生活的同時，相關廢棄物因未經妥善處理，產生各種環境汙染，威脅我們的生活。	資源與永續性（INg）*	INg-III-7人類行為的改變可以減緩氣候變遷所造成的衝擊與影響。
		物質的反應、平衡及製造（J）：水溶液中的變化（Jb）	Jb-IV-4溶液的概念及重量百分濃度（P%）、百萬分點的表示法（ppm）。
		科學、科技、社會及人文（M）：環境汙染與防治（Me）	Me-IV-5重金屬污染的影響。
隨心所欲——冷暖氣機	了解冷暖氣機的運作原理，並認識其中的關鍵要素：冷媒。文中也提到物質三態的變化以及氟氯碳化物。	物質與能量（INa）*	INa-III-8熱由高溫處往低溫處傳播，傳播的方式有傳導、對流和輻射，生活中可運用不同的方法保溫與散熱。
		能量的形式、轉換及流動（B）：能量的形式與轉換（Ba）；溫度與熱量（Bb）	Ba-IV-1能量有不同形式，例如：動能、熱能、光能、電能、化學能等，而且彼此之間可以轉換。孤立系統的總能量會維持定值。
			Bb-IV-5熱會改變物質形態，例如：狀態產生變化、體積發生脹縮。
		自然界的現象與交互作用（K）：電磁現象（Kc）	Kc-IV-5載流導線在磁場會受力，並簡介電動機的運作原理。
肥油變肥皂	介紹什麼是皂化反應、有機物，並透過動手製作肥皂，進一步認識肥皂去汙的科學原理。	自然界的現象與交互作用（K）：波動、光及聲音（Ka）	Ka-IV-11物體的顏色是光選擇性反射的結果。
		物質的反應、平衡及製造（J）：物質反應規律（Ja）；酸鹼反應（Jd）；有機化合物的性質、製備及反應（Jf）	Ja-IV-3化學反應中常伴隨沉澱、氣體、顏色及溫度變化等現象。J
			Jd-IV-5酸、鹼、鹽類在日常生活中的應用與危險性。
			Jf-IV-3酯化與皂化反應。
分子食物大破解	認識製作分子食物的數種方法，例如乳化作用、晶球化反應，以及低溫烹調等。	物質的結構與功能（C）：物質的結構與功能（Cb）	Cb-IV-3分子式相同會因原子排列方式不同而形成不同的物質。
		演化與延續（G）：生物多樣性（Gc）	Gc-IV-4人類文明發展中有許多利用微生物的例子，例如：早期的釀酒、近期的基因轉殖等。
吃得苦中苦	介紹奎寧和常見的苦味劑苯甲地那銨，以及數種具有苦味的天然食物。	物質的結構與功能（C）：物質的結構與功能（Cb）	Cb-IV-3分子式相同會因原子排列方式不同而形成不同的物質。
		物質的反應、平衡及製造（J）：水溶液中的變化（Jb）	Jb-IV-4溶液的概念及重量百分濃度（P%）、百萬分點的表示法（ppm）。

*為國小課綱

導讀 科學 × 閱讀 二

閱讀是人類學習的重要途徑，自古至今，人類一直透過閱讀來擴展經驗、解決問題。到了 21 世紀這個知識經濟時代，掌握最新資訊的人就具有競爭的優勢，閱讀更成了獲取資訊最方便而有效的途徑。從報紙、雜誌、各式各樣的書籍，人只要睜開眼，閱讀這件事就充斥在日常生活裡，再加上網路科技的發達便利了資訊的產生與流通，使得閱讀更是隨時隨地都在發生著。我們該如何利用閱讀，來提升學習效率與有效學習，以達成獲取知識的目的呢？如今，增進國民閱讀素養已成為當今各國教育的重要課題，世界各國都把「提升國民閱讀能力」設定為國家發展重大目標。

另一方面，科學教育的目的在培養學生解決問題的能力，並強調探索與合作學習。近年，科學教育更走出學校，普及於一般社會大眾的終身學習標的，期望能提升國民普遍的科學素養。雖然有關科學素養的定義和內容至今仍有些許爭議，尤其是在多元文化的思維興起之後更加明顯，然而，全民科學素養的培育從 80 年代以來，已成為我國科學教育改革的主要目標，也是世界各國科學教育的發展趨勢。閱讀本身就是科學學習的夥伴，透過「科學閱讀」培養科學素養與閱讀素養，儼然已是科學教育的王道。

對自然科老師與學生而言，「科學閱讀」的最佳實踐無非選擇有趣的課外科學書籍，或是選擇有助於目前學習階段的學習文本，結合現階段的學習內容，在教師的輔導下以科學思維進行閱讀，可以讓學習科學變得有趣又不費力。

素養＋樂趣！

撰文／陳宗慶

　　我閱讀了《科學少年》後，發現它是一本相當吸引人的科普雜誌，更是一本很適合培養科學素養的閱讀素材，每一期的內容都包括了許多生活化的議題，涵蓋了物理、化學、天文、地質、醫學常識、海洋、生物……等各領域有趣的內容，不但圖文並茂，更常以漫畫方式呈現科學議題或科學史，讓讀者發覺科學其實沒有想像中的難，加上內文長短非常適合閱讀，每一篇的內容都能帶著讀者探究科學問題。如今又見《科學少年》精選篇章集結成有趣的《科學閱讀素養》，其內容的選編與呈現方式，頗適合做為教師在推動科學閱讀時的素材，學生也可以自行選閱喜歡的篇章，後面附上的學習單，除了可以檢視閱讀成果外，也把內文與現行國中教材做了連結，除了與現階段的學習內容輕鬆的結合外，也提供了延伸思考的腦力激盪問題，更有助於科學素養及閱讀素養的提升。

　　老師更可以利用這本書，透過課堂引導，以循序漸進的方式帶領學生進入知識殿堂，讓學生了解生活中處處是科學，科學也並非想像中的深不可測，更領略閱讀中的樂趣，進而終身樂於閱讀，這才是閱讀與教育的真諦。　　　　　　　　　　　　　　科

陳宗慶　國立高雄師範大學物理博士，高雄市五福國中校長，教育部中央輔導團自然與生活科技領域常務委員，高雄市國教輔導團自然與生活科技領域召集人。專長理化、地球科學教學及獨立研究、科學展覽指導，熱衷於科學教育的推廣。

世紀天才 現代物理學之父

愛因斯坦

愛因斯坦（Albert Einstein）是猶太裔理論物理學家。他提出一系列開創性的理論，對整個科學界產生革命性的影響，從而開啟了現代物理學全新的研究方法和視角，被世人譽為 20 世紀的天才。

撰文／水精靈

$E=mc^2$，這個耳熟能詳的方程式開啟了原子時代，也帶來爭論不休的原子彈與核能政策。這個關於能量與質量等價性的方程式只是愛因斯坦某篇論文中的附錄，被稱為「奇蹟年」中發表四篇論文的補充；而這些奇蹟也不過是在專利局的辦公室裡，用紙與筆完成的紙稿而已。然而這些劃時代的研究成果，至今仍然強烈撼動著人們的心靈。

1879 年，愛因斯坦出生在德國的一個猶太家庭。父親經營一家電器工廠，母親則是位頗有造詣的鋼琴家。幼年時的愛因斯坦並沒有展現很突出的數理天賦，在三歲以前甚至不太會說話，讓父母一度擔心他是否有智力問題。

不過，愛因斯坦受到母親的影響，很早就學會彈鋼琴和拉小提琴，日後音樂也成為他研究以外的另一項愛好。

小小的羅盤

愛因斯坦五歲時，父親送給他一個羅盤。或許因為他講話憨慢，反倒養成了他細心觀察的特質。這個小小的羅盤，大大的引起了他的注意。他發現無論怎麼轉動，羅盤內的指針始終指著北方，這現象喚起他探究事物的好奇心，科學的幼苗開始萌芽。

六歲時進入小學就讀，愛因斯坦常沉思又沉默寡言，也不和其他孩子一起玩，曾被老師批評他是愚蠢的白日夢大師。學校枯燥又呆板的教學方式與死記硬背的課業令他厭煩，因此愛因斯坦的成績很差，同時成了老師眼中的問題兒童。

圖片來源：Wikimedia Commons

當我們的知識之圓擴大之時，
我們所面臨的未知的圓周也一樣。

1888 年，愛因斯坦進入路易博德中學。由於當時德國正處於「鐵血宰相」俾斯麥的執政時期，學校也實行了嚴格的軍事化管理，「中規中矩」的教育方式讓他覺得上學根本就是在活受罪。

在愛因斯坦讀中學的最後一年，父親為了讓工廠能繼續順利經營，全家（除了愛因斯坦）遷居到義大利米蘭。由於枯燥呆板的教學以及常遭老師訓斥，讓愛因斯坦對課程喪失興趣，於是他毅然決定休學。

追求知識的渴望

隨著年齡增長，愛因斯坦感到好奇的事物愈來愈多，雖然無法適應學校的教學，但他經常自學一些感興趣的科學知識。有位常去他家做客的醫學生，向他介紹當時的科普書籍，特別是貝恩斯坦的《自然科學通俗讀本》與布赫納的《力和物質》，這些書籍日後對他的研究產生了重大影響。

與此同時，和父親一起經營工廠的叔叔發現愛因斯坦對科學的渴望，便熱心的教導他幾何學與代數。愛因斯坦迷上幾何學的嚴謹與明確，甚至花了數個星期，親自證明出「畢氏定理」。

畢業＝失業

由於愛因斯坦沒有中學畢業證書，想要進入大學的唯一途徑便是參加特殊考試。於是休學那年他離開德國，報考蘇黎士聯邦理工學院。他的第一次入學成績未達錄取標準，只好先到阿勞中學進修一年。第二年，他考進蘇黎士聯邦理工學院師範系物理學科。

他把大學四年大部分的時間，用在學習那些自己感興趣的事物，對於正規課程則一點也不想多費心思。因此，除了數學與物理外，其他科目的成績並不出色。

1900 年，雖然愛因斯坦以優異的成績拿到畢業證書，但他在校期間留給教授的印象不佳，申請留校擔任助教時吃了閉門羹，並且父親的工廠破產，無法再給予任何支持。為了生活，他只好奔波各地當代課老師或是家教。他曾自嘆：「為求溫飽，還不如到街上拉小提琴！」

慶幸的是，在大學同學格羅斯曼的父親協助下，愛因斯坦進入瑞士專利局擔任職員。新婚的他靠著這份微薄的薪水得以養活家庭與剛出生的孩子。而在專利局工作的七年，可以說是他一生中最愉快並取得驚人的科學成就的時期。

愛因斯坦
小檔案

出生	9歲	15歲	21歲	23歲
1879 年出生於德國烏爾姆的猶太家庭。	進入路易博德中學就讀。	休學；兩年後考上蘇黎士聯邦理工學院。	畢業，但因未能獲得教職而失業。	進入伯恩市的瑞士專利局擔任職員。

奇蹟年

愛因斯坦在專利局時，利用業餘時間進行科學研究，僅在 1905 年這一年內，就發表了四篇開創性的論文，改變了物理學的發展，人們稱這年是愛因斯坦的「奇蹟年」。

首先是在 3 月，愛因斯坦發表了解釋「光電效應」的文章，提出「光量子」理論，因此獲得 1921 年的諾貝爾獎。

5 月，他完成關於布朗運動的論文，解釋微觀分子隨機運動的現象；這點讓他獲得了蘇黎士大學的博士學位。

6 月，他發表了〈論動體的電動力學〉，提出狹義相對論的基本原理。

9 月時，愛因斯坦為了總結狹義相對論，提出質量與能量的等價概念，並導出全世界最著名的質能互換方程式 $E = mc^2$。

這一年，愛因斯坦才 26 歲，很難想像一個在專利局辦公室的小小職員，竟然能提出如此精采的理論，這個不可思議的奇蹟也只有牛頓可以與之相比。

挑戰牛頓——狹義相對論

愛因斯坦少年時就經常問自己一個問題：「要是你追上一道光，會發生什麼事？」

他苦思這個問題 10 年之久，根據牛頓的理論，光速就是光速，沒有什麼特別，只要有足夠的科技，絕對有辦法超越光速。如果你跑得跟光一樣快，光在你眼前看起來就是一串凍結在時間中靜止的波。不過，並沒有人看過光完全靜止的狀態，因此也沒能證實牛頓的理論。

此外，愛因斯坦在電磁大師馬克士威的理論中發現，光速永遠以定值前進。在這個前提之下，他認為，時間的同時性都是相對於某個參考系的時間和空間而來，絕對的「同時」並不存在，因此提出了狹義相對論。

舉例來說，一艘加速前進的太空船內，時間的流動會隨著太空船速度變快而變慢，假設你站在地球上、透過望遠鏡能看到太空船內部，你會發現裡頭的時間變慢了，船員的行動變得跟烏龜一樣緩慢，身體也變得跟比目魚一樣扁平。而如果可以的話，一艘以光速前進的太空船，內部的時間將會停止、太空船會一直壓扁到消失不見，質量則會膨脹到無限大！——什麼？怎麼會發生這種情況？也是因為如此，愛因斯坦才說要超過光速行進（打破光障）是「mission impossible」！

26歲	35歲	37歲	43歲	54歲	76歲
發表了四篇物理領域中開創性的論文；這一年被稱為「奇蹟年」。	擔任威廉皇家物理研究所所長兼柏林大學教授。	發表〈廣義相對論基礎〉，推翻了牛頓的萬有引力論。	獲得諾貝爾物理獎。	因受納粹迫害而遷居美國，擔任普林斯頓高等學術研究院教授。	辭世。

狹義相對論也指出，對於一個移動的物體來說，質量會隨著速度的增加而增加，表示移動的能量轉換成質量，藉由 $E=mc^2$ 來知道有多少能量轉換成質量。這原理日後成為研究核裂變與原子彈的理論基礎。

至此，愛因斯坦自少年時期的疑問終於獲得解答：「不論你跑得多快，光永遠會以同樣的速度離開你。」

曠世鉅作的誕生

然而，愛因斯坦並沒有滿足於現況，他知道狹義相對論只適用於朝一個方向等速運動的物體，可是現實世界卻是加速度運動，所以他想要擴展這理論，讓它能適用於所有的情況，包括無處不在的力量——重力！

他決定挑戰已有數百年歷史的牛頓萬有引力定律，這項工作極為艱鉅，連他的朋友、量子理論的創始者普朗克都說：「身為你的朋友，又比你年長幾歲，我必須勸你放棄。首先，你不會成功；即使你成功了，也不會有人相信你。」

但這些勸退的聲音並沒有讓愛因斯坦停下腳步，反而讓他加倍投入。如同狹義相對論是受到兒時的問題所啟發，他再次的做了一個白日夢（誤）、思想實驗（正解）。

「當你搭乘電梯時，如果纜繩斷了，會發生什麼事？」答案絕對不是趕快打卡上傳社群，現實情況是，你會和電梯以相同的速度落下，而感覺處在無重力狀態，即便你和電梯是在地球的重力場內加速落下，但兩者的加速度是一樣的。反過來想，當一個人處在

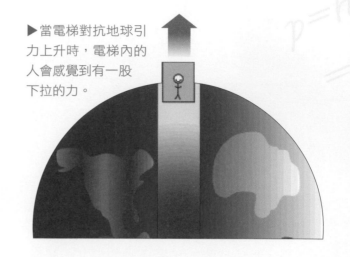

▶當電梯對抗地球引力上升時，電梯內的人會感覺到有一股下拉的力。

加速度上升的電梯中，則會感受到有一股力量在拉著。

1907 年，愛因斯坦解釋了這樣的現象，並在其發表的論文中提到：「處在重力場所受到的引力，與一個物體在加速度運動所受到的慣性是完全一樣的。」這個論點就是廣義相對論的基礎。

那時愛因斯坦日以繼夜的進行研究工作，毫無規律的生活習慣幾乎搞垮他的身體。一天，他告訴妻子說自己要在書房裡待上一段時間，不要去打擾他。兩個星期後，臉色蒼白的他走出房門，將一疊厚厚的手稿放在餐桌上說：「這就是我的發現！」

彎曲的時空——廣義相對論

1915 年，在格羅斯曼的幫助之下，愛因斯坦完成了廣義相對論，並於 1916 年發表了總結的論文：〈廣義相對論基礎〉。狹義相對論修正了牛頓運動定律中的「時間」與「空間」，廣義相對論則是改造了牛頓萬有引力定律，讓「時間」、「空間」與「物質」

三者產生關聯。

依據廣義相對論，萬有引力並不是真正的力，而是時空彎曲的表現，是質量存在造成的。想像將一顆保齡球放在四邊都拉緊的床單上，保齡球的重量會讓床單凹陷。此時將一顆彈珠扔到床單上，彈珠將會沿著圓形（或是橢圓形）軌道繞行著保齡球。

以此類推，行星之所以會繞著太陽運行，是由於太陽的存在造成空間彎曲。

為了驗證廣義相對論，愛因斯坦提出了三個神預測的觀點。首先是「水星近日點的進動」。由於牛頓力學無法解釋這個現象，但通過廣義相對論的說明，水星的進動為每100 年 43 角秒，這與天文上的觀測值非常接近。

其次是光的重力紅位移，即光從強烈引力場遠離時，光的頻譜會往紅色端移動。這點也被天文觀測所證實。

第三則是光線彎曲，由於太陽的存在，扭曲了遙遠恆星傳來的光，造成了偏折。1919 年，天文學家愛丁頓觀測日全食時驗證了這一現象，頓時讓愛因斯坦和相對論成了家喻戶曉的名詞。

量子論戰

在量子力學的理論體系建立之後，物理學家波恩認為，電子的「波」其實是機率波，它告訴你電子在某時刻出現的機率是多少；波愈大，找到電子的機率愈高。1927 年，海森堡提出著名的測不準原理，結合了波恩的機率，隨機與機率闖進了物理的世界。

愛因斯坦深信因果決定論——電子的行為完全可以預測，因此對海森堡和波恩的理論感到訝異。他在寫給波恩的信中提到：「有種聲音告訴我，量子力學並非真實的，這理論並不會讓我們更接近上帝的奧祕。無論如何，我相信上帝是不擲骰子的。」

這場「量子論戰」持續了幾十年，直到愛因斯坦去世前，仍堅持著自己的信念。

和平主義者

愛因斯坦除了在物理學的領域做出了貢獻，他還是一位和平與人道主義者。

1914 年歐戰爆發，他呼籲停止戰爭。1933 年，納粹取得政權，猶太裔的愛因斯坦成了被迫害的對象。他遷居美國並擔任普林斯頓高等學院教授，直至 1945 年退休。

愛因斯坦為此還在 1939 年上書美國總統羅斯福，建議要比希特勒提早研製原子彈成功。戰後他更是公開呼籲禁用核武。

愛因斯坦晚年希望能統一電磁力和重力，不過可能因為他拒絕量子力學，導致忽視了物理學的新發展，他臨終前躺在病床時說：「為了不去面對邪惡的量子，我必須像鴕鳥一樣，永遠把頭埋在相對論的沙子裡。」最後「統一場論」沒有成功，他病逝世於普林斯頓，享年 76 歲。🔬

水精靈　隱身在 PTT 裡的科普神人，喜歡以幽默又淺顯易懂的方式和鄉民聊科普，真實身分據說是科技業工程師。

世紀天才：現代物理學之父——愛因斯坦

關鍵字：1. 羅盤　2. 質能互換　3. 布朗運動　4. 重力　5. 相對論　　　國中理化教師　李冠潔

主題導覽

　　愛因斯坦從小不喜歡制式的學習方式，喜歡觀察，喜歡獨立思考，從一個小小的羅盤得到自然科學奧祕的啟發，並在 1905 年認為光具有粒子性，提出了光電效應。太陽能電池就是利用光電效應，將光能轉化為電能的裝置，太陽能電池比起傳統發電方式更環保、更永續；光電效應也讓愛因斯坦得到了諾貝爾物理獎。接著愛因斯坦根據布朗提出的花粉運動，利用數學推論間接估算出原子的大小約為 10^{-8}m，也讓科學家正式接受原子的存在。而最震撼科學界的是相對論，愛因斯坦提出了質量與能量互換的概念，顛覆了原本認為質量與能量兩者互不相干的想法，相對論同時預測出當時未發現的科學現象。

　　愛因斯坦絕對是近代物理學最鼎鼎大名的科學家之一，他提出的理論至今仍影響著科技發展，對整個科學界產生革命性的影響，也為我們的生活提供劃時代的進步，不愧為 20 世紀的天才！

挑戰閱讀王

看完〈世紀天才：現代物理學之父——愛因斯坦〉後，請你一起來挑戰以下三個題組。答對就能得到👍，奪得 10 個以上，閱讀王就是你！加油！

◎羅盤是愛因斯坦小時候著迷的玩具之一，羅盤之所以能夠一直指向南北極，是因為地球本身就是一個大磁鐵，整個地球都籠罩在地球的磁場中。地球的磁場除了指引人類方向，對動物也同樣重要，候鳥的遷徙、鮭魚的洄游，都是利用地球的磁場來定位的。根據地球岩層的紀錄，地球的南北極其實曾經翻轉，且近百年內也有翻轉的可能。地磁如果移動，可能會導致無法阻擋太陽輻射出的高速帶電粒子流，屆時帶電粒子直接衝擊衛星、航空、通訊與電力系統，可能造成網路癱瘓、全球股市與金融市場失序。候鳥、鮭魚等許多可感應磁場的生物也可能發生辨識錯亂，進而改變局部生態；不過目前研究顯示，地磁反轉對人體的健康沒有太大的危害。請根據敘述回答問題：

（　　）1.下列何者是地球磁場提供的好處？（這一題答對可得到 1 個👍哦！）

①可以提供衛星訊號　②指引生物方向

③使通訊更加快速　④吸引太陽輻射出的電子流

（　　）2.地球磁場如果消失可能會帶來何種影響？（這一題答對可得到 1 個👍哦！）

①生物失去方向感造成部分物種滅絕

②人類發生經濟危機

③指南針失去作用

④以上皆會發生

◎ 1827 年，英國植物學家布朗利用顯微鏡觀察懸浮於水中的花粉粒時，發現花粉粒會連續快速而不規則的隨機移動，他將這種移動稱為布朗運動。愛因斯坦認為，布朗運動是因為液體的原子撞擊花粉所造成的，他詳細解釋了這些運動，並精確預測出粒子不規則的隨機運動，成功證實了原子的存在。至今我們已經知道不只有原子存在，原子內還有帶正電的質子與不帶電的中子組成的原子核，以及帶負電的電子，如右圖；造成物體帶電的原因正是電子轉移。請根據敘述回答問題：

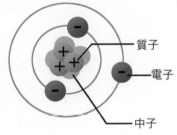

質子
電子
中子

（　　）3.關於原子的組成何者錯誤？（這一題答對可得到 2 個👍哦！）

①原子是自然界中的最小粒子

②原子可能帶正電，也可能帶負電

③人的肉眼無法直接看到原子的大小

④所有物質都是由原子組成

（　　）4.關於布朗運動下列敘述何者正確？（這一題答對可得到 1 個👍哦！）

①布朗看到花粉撞到原子提出布朗運動

②花粉在水中會很規律的運動

③愛因斯坦利用布朗運動間接證明原子的存在

④現在仍然看不到原子

（　）5.能夠讓物質帶電的原因是什麼呢？（這一題答對可得到 2 個👍哦！）

　　①物質不可能帶電，一切都是錯覺

　　②將物質切割分為兩半時就能帶電

　　③所有物質摩擦後吸收熱能就會帶電

　　④物質體內的原子因質子數與電子數量不同而帶電

◎生活中常見的聲音、光、熱都是一種能量，能量摸不到、無法秤重，但能感受它
　的存在，例如眼睛看得到光，耳朵聽得到聲音，而周遭有質量、體積的，則稱為
　物質。物質具有物質的特性，例如有體積、質量、熔點、沸點等。由於物質與能
　量完全不相似，因此在愛因斯坦之前，我們認為質量與能量兩者完全不同，更不
　用提能夠互相轉換了。愛因斯坦提出的 $E = mc^2$ 是非常有名的質能互換公式，E
　是能量、m 是物質的質量，通過這個公式計算可以得知，物質減少的質量可以產
　生大量的能量，這就是核能反應的原理。請根據敘述回答問題：

（　）6.關於物質的敘述何者錯誤？（這一題答對可得到 2 個👍哦！）

　　①物質皆具有物質特性

　　②不同的物質特性可能不同

　　③物質與能量特定條件下可以互相轉換

　　④不同的物質混合就會變成能量

（　）7.關於質量與能量的比較何者錯誤？（這一題答對可得到 2 個👍哦！）

　　①能量沒有質量和密度　②能量無法占據空間

　　③光具有體積加成的特性　④核反應減少的質量會轉變成核能

延伸思考

1. 在人類出現的這 500 萬年內，並沒有真正發生過地磁反轉，那人類是如何知道地
　磁曾經反轉的呢？

2. 查查看什麼是能量？能量的定義為何？生活中常見的能量種類有哪些呢？

3. 核能反應的原理是什麼？核能與火力發電各有什麼優缺點呢？

磁力會跳舞

磁鐵是我們生活中的好幫手，
廚房冰箱上的留言、
教室的布告欄，都能看見它的蹤跡。
利用它的磁力，
還可以讓迴紋針跳起舞來！

撰文、攝影／王家美

繪圖：曾建華

老師桌上的迴紋針不小心散落一地，如何快速將迴紋針收集起來呢？爸爸的工具箱裡有各式各樣的鐵釘與螺帽，想將它們分門別類收納整齊，可以怎麼做呢？動動腦，想一想，聰明的你想到了嗎？我們可以運用「磁鐵」的特性來解決這些問題！

磁鐵具有磁力，能夠吸引特定物質所製成的物品，舉凡訂書針、鐵尺、鐵製鉛筆盒，甚至是剪刀等生活常見用品，都會受到磁力的吸引，具有這樣的特性的物質，即稱為「磁性物質」。

利用磁鐵、磁性物質的特性，除了可以製成各式各樣的文具用品外，也能創造出好玩的跳舞迴紋針唷！現在就來試試看吧！

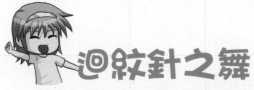

迴紋針之舞

寶特瓶、鐵絲（長約 20 公分，直徑建議長
1.5～2 公釐）、圓形磁鐵（有小洞）、吸管、
迴紋針、熱熔膠

番外篇：粗吸管、竹筷、紙片、小磁鐵

👉 實驗步驟 ── 磁力風扇動手做

Step ①

取一瓶身平滑的寶特瓶，由瓶口處切下約三分之一長度。

Step ②

將切好的寶特瓶瓶身平均剪出六片扇葉，並
將風扇扇葉略為彎摺，方向與角度要一致喔！

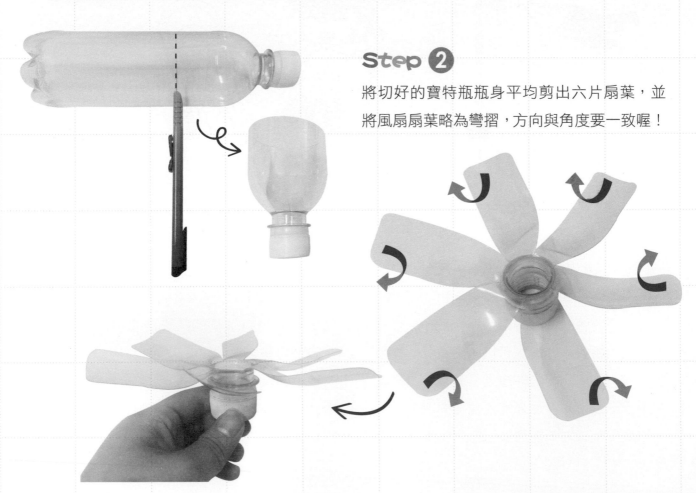

Step ③

盡量將鐵絲拉直，穿過
兩個有小洞的圓形磁
鐵，並用熱熔膠固定。

完成

Step ⑤

將做好的風扇轉
入寶特瓶瓶蓋，磁
力風扇完成囉！

Step ④

鐵絲套入細吸管，將寶
特瓶瓶蓋鑽一小洞，穿
過鐵絲，以熱熔膠固定
在鐵絲上方。

 實驗步驟 —— 來來回回的迴紋針

Step ⑥

取一迴紋針或鐵絲，摺出自己喜歡的形狀。

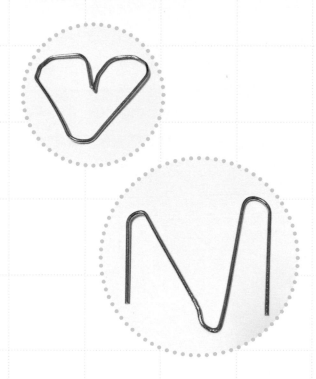

Step ⑦

將摺好的迴紋針放在磁鐵下方的鐵絲上，用
電風扇或吹風機吹動寶特瓶的風扇，帶動鐵
絲旋轉，就可看到迴紋針快速的依附在鐵絲
上來回的移動喔！

迴紋針跳舞影片

你吸我、我吸他！磁力的奧秘

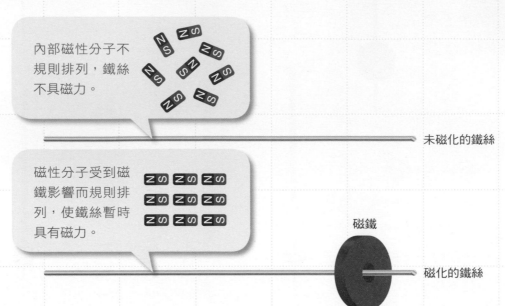

內部磁性分子不規則排列，鐵絲不具磁力。

未磁化的鐵絲

磁性分子受到磁鐵影響而規則排列，使鐵絲暫時具有磁力。

磁鐵

磁化的鐵絲

鐵與磁鐵有何不同呢？一般而言，磁鐵為永久具有磁性，稱做「永久性磁鐵」；能暫時具有磁性的物質如鐵、鈷、鎳等金屬，則稱為「暫時性磁鐵」，也可稱為磁性物質，可被永久性磁鐵磁化而具有磁性。在這個實驗中，鐵絲未被磁化前，內部磁性分子不規則排列，抵消了磁性，所以不具有磁力。將鐵絲置於磁鐵中的小洞時，磁性分子因受到磁鐵影響而規則排列，如此一來，鐵絲便可以暫時擁有磁力。當鐵絲靠近迴紋針時，鐵絲成為磁鐵的角色，讓迴紋針內部的磁性分子也規則排列，並與磁鐵互相吸引。

鐵絲與迴紋針相互吸引，會對彼此產生正向力，當風吹動扇葉時，鐵絲產生轉動，在與迴紋針相接觸、有正向力的地方，造成摩擦力，使得鐵絲與迴紋針產生相對運動（見右圖）。因為我們用手固定著鐵絲的位置，

因此，看起來就像是迴紋針沿著鐵絲來來回回的移動，活潑的跳著舞一樣。

在日常生活中，磁力無所不在，屬於「超距力」的一種，也就是不需要直接接觸，就具有力的效應。兩個磁極不同的磁鐵，不需要接觸，只要離得夠近，就可以隔空相吸。反之，若磁極相同，兩者便產生相斥，就會出現兩個磁鐵「你跑我追」的有趣現象。

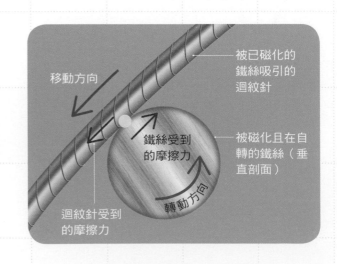

移動方向

鐵絲受到的摩擦力

迴紋針受到的摩擦力

轉動方向

被已磁化的鐵絲吸引的迴紋針

被磁化且在自轉的鐵絲（垂直剖面）

18

番外篇
磁轉紙花

看完跟著鐵絲跳舞的迴紋針，現在來體驗一下磁力旋轉的威力吧！透過改變磁鐵的角度，可以讓小紙片華麗的旋轉喔！一起來試試看吧！

Step1 將一個磁鐵直立固定於竹筷頂端。

Step2 在紙上畫下喜歡的圖樣（要大於磁鐵喔！），剪下後在紙片的背面用雙面膠黏上磁鐵。

Step3 將製作好的磁鐵竹筷放進粗吸管。

Step4 將紙片與吸管內竹筷的磁鐵相吸。

Step5 前後移動吸管內的竹筷，就會看到紙片快速旋轉囉！

Look!! 小提醒

紙片旋轉效果不佳時，試著調整：
1. 將吸管中的竹筷略微傾斜。
2. 避免紙片不平，接觸吸管影響轉動。
3. 若紙片太大，使用剪刀稍加修剪。

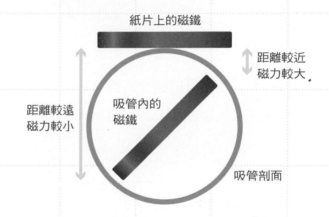

紙片上的磁鐵

距離較近 磁力較大

距離較遠 磁力較小

吸管內的磁鐵

吸管剖面

磁轉紙花的祕密

我們將另一枚竹筷上的磁鐵放在吸管中時，由於吸管是曲面的，不是平面的，造成兩磁鐵在不同的位置的距離有所不同，如下圖左端就離磁鐵較遠因此磁力較弱，距離磁鐵較近的右端則磁力較強，而造成力矩不平衡，使得吸管上的紙片會旋轉。 科

作者簡介

王家美　國立臺中教育大學碩士，「科學遊戲實驗室」編輯群的一員。因為遇到恩師許良榮的啟蒙，一腳踏入了科學遊戲的世界。最愛站在臺上看著因科學而閃閃發亮的雙眼。

磁力會跳舞

國中理化教師　郭恒銓

關鍵字：1. 磁鐵　2. 磁場　3. 磁性物質　4. 磁極　5. 磁化　6. 超距力　7. 地球磁場

主題導覽

在 2000 多年前，人類發現一種可吸引鐵製品的天然礦石。這種礦石稱為天然磁石，主要的成分是鐵氧化物，相傳最早在希臘的麥格尼西亞（Magnesia）發現，所以將這種礦石取名為「magnet」。大約在西元前 1200 多年，人類已能製造出指南針來導航或指引方向。

古人發現以鋼針摩擦磁石，或加熱鋼針至通紅的狀態，再把鋼針兩端以南北方向放置並浸入水中冷卻，即可將鋼針轉變為磁針，這是人造磁鐵的開端。現今的做法則是以高溫將鋼鐵熔化，放入模子中鑄造成型，再放入強力磁場中（通常是電磁鐵的線圈內部），待冷卻變硬後，磁性能保留下來而形成永久磁鐵。

磁鐵可在周圍空間建立磁場，吸引磁性物質。「磁性物質」是指在磁場中可被磁化、被磁鐵所吸引的物質，也稱為鐵磁性物質，包括鐵、鈷、鎳及其化合物與合金等材料。

挑戰閱讀王

看完〈磁力會跳舞〉後，請你一起來挑戰以下三個題組。

答對就能得到👍，奪得 10 個以上，閱讀王就是你！加油！

◎磁鐵可分為「永久磁鐵」與「非永久磁鐵」。永久磁鐵可能是天然產物，如天然磁石，也可由人工製造，磁化後可長期保有磁性，又稱為硬磁鐵，如鋼釘、陶瓷磁鐵、橡膠磁鐵⋯⋯等。非永久性磁鐵，磁化後無法長期保有磁性，或在某些條件下才能表現出磁性，又稱為軟磁鐵或暫時磁鐵，如鐵釘、電磁鐵。

磁性不是永久存在的，既然可以透過外加磁場的方式製作磁鐵，當然也有去除磁力的方法。加熱磁鐵到居禮溫度（磁性轉變點）以上，即可使磁性小分子不再指向同一方向，恢復自由排列的混亂狀態，因此失去磁性，鐵氧體磁鐵約在 1300℃ 退磁；釹鐵硼磁鐵約 80～100℃ 退磁，可知其並不耐熱，保存時要避免高溫環境。

撞擊磁鐵亦可消除部分磁性，但效果遠不如加熱。對於不適合加熱的磁鐵，必須依賴專用儀器，藉由不斷改變磁化方向來減弱磁場，如信用卡的消磁。

（　　）1. 下列哪些金屬元素能在磁鐵的影響下變成暫時性磁鐵？

（這一題答對可得到 2 個👍哦！）

①鐵　②鈷　③鎳　④以上皆是

（　　）2. 下列敘述哪一項不屬於「磁力」的特性？（這一題答對可得到 2 個👍哦！）

①屬於超距力

②兩相同磁極互相靠近，會產生吸引力

③只要離得夠近，不須接觸，也會有磁力產生

④距離愈遠，力量愈小

（　　）3. 下列何者屬於暫時磁鐵？（這一題答對可得到 2 個👍哦！）

①釹鐵硼磁鐵　②磁化後的鋼針

③橡膠磁鐵　④電磁鐵

（　　）4. 下列哪一種做法不會減損磁鐵的磁性？（這一題答對可得到 2 個👍哦！）

①加熱　②放入冰箱

③拿鐵槌敲打　④放入另一個強力磁場中

◎地球的周圍空間也存在一個磁場，稱為地磁，根據多年來的研究，有一派科學家認為，由於地球內核滾燙的金屬流體不停流動，產生環形電流後造成地球磁場。簡單來說，我們可將地球的磁場來源，假想成是因為地球的內部擺放一根巨大的磁鐵棒，這根磁鐵棒的中心軸稱為磁軸，跟地球本身的自轉軸約有 11.5° 左右的夾角，磁軸與北半球的交點稱為地磁北極，與南半球的交點稱則為地磁南極，自轉軸與北半球的交點稱為地理北極，與南半球的交點則稱為地理南極，地磁南北極與地理南北極的位置並不相同。

地磁北極實際上是地球磁場的指南極（S 極），它會吸引構成羅盤指針的磁鐵的指北極（N 極）。目前地磁北極約在 86.4°N, 166.3°E（加拿大境內），地磁南極約在 64.3°N, 136.6°E，但是地球磁場不是毫無變化的，它的強度與磁極位置會改變，地磁強度在地表上的分布也不均勻，會因地理位置而有不同的變化。

（　　）5.有關地球磁場的敘述，何者正確？（這一題答對可得到 2 個👍哦！）

①地磁南北極的位置固定不變

②地磁產生的原因是地球內部具有一根磁鐵棒

③地磁北極是磁場的指北極

④地磁北極會吸引指北針的 N 極

延伸思考

1. 利用手邊的磁鐵，檢測周遭隨手可得的物品（如硬幣、鑰匙），有哪些東西含有磁性物質成分呢？

2. 試著找尋資料，了解目前有哪些種類的永久磁鐵被發現，以及被應用在哪些地方？並比較它們之間的性質差異？

3. 地磁南北極位置不但持續在改變，甚至在地球的歷史上，曾發生了多次地磁反轉的現象，不妨去查閱相關的資料，了解這件事的來龍去脈吧！

延伸閱讀

一、磁極是磁鐵中磁性最強的區域，同名磁極互相靠近時有互相排斥的現象，異名磁極之間則互相吸引，這種力量稱為磁力。因為磁鐵不須與另一個磁鐵或磁性物質接觸，磁力仍能產生作用，所以磁力屬於一種非接觸力（又稱為超距力）。將條形磁鐵的中點用細線懸掛起來，靜止時，它的兩端會各指向地球南方和北方，指向北方的一端稱為指北極或 N 極，指向南方的一端則稱為指南極或 S 極，無論形狀與大小，每個磁鐵都同時具有兩個磁極，磁極是無法分割的，不能單獨存在。

二、磁場是指磁力所及的空間，在此範圍內能與其他的磁鐵或磁性物質相互作用。

若將磁鐵放到鐵粉中，鐵粉會受到磁力作用而產生特殊的排列形狀。科學家發現，磁鐵的兩磁極處能吸引最多的鐵粉，排列也較密集，顯示該處磁場磁力較強，因此藉由鐵粉分布的疏密程度，可了解磁鐵周圍的磁場分布與磁力強弱。

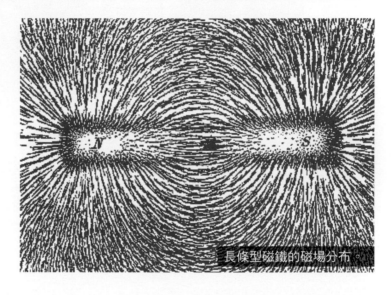

長條型磁鐵的磁場分布。

三、目前最強的人造磁鐵是釹磁鐵，市面上販售的高性能強力磁鐵是由釹鐵硼磁鐵混合製成，因此能做出許多體積小但磁力強的強力磁鐵。磁鐵的發展就好比現代的 3C 產品，趨勢也是體積不斷縮小，但機能與性能卻持續有效提升。

3D 身歷其境的電影

最近幾年，不少電影都推出了 3D 版。一戴上特殊眼鏡，
原本只存在螢幕上的砲彈，就像朝著你飛過來一般驚險萬分。
這麼神奇的 3D 電影是怎麼做到的呢？

撰文／林三永

自從 1838 年英國人惠斯同（Charles Wheatstone）發現立體視覺的原理開始，3D 技術隨著科技不斷進步。到了 1922 年，全世界第一部紅藍 3D 立體電影 *The Power of Love* 上映。臺北的臺灣科學教育館、臺中的自然科學博物館等地都有「3D 電影院」，播放科學教育短片；後來隨著 2009 年的電影《阿凡達》、2010 年的《玩具總動員 3》，愈來愈多強調「立體影像」的 3D 電影上映。3D 影片比傳統的 2D 影片更有立體感，戴上特別的眼鏡，不僅眼前影像更立體，觀看時也更身歷其境。

人類的雙眼間隔大約 6～7 公分，兩隻眼睛看到的物體在遠近、角度上都有些微差異（稱為「視差」）；雙眼的視神經分別將影像傳進大腦後，大腦再將這兩種影像組合起來，讓我們辨認出物體的立體形狀。你可以試著遮住一隻眼睛，然後看看周圍，或試著繞教室、客廳一圈，就會發現你和周遭物品的距離和用雙眼看時似乎不太一樣，立體感也稍差。人類的立體視覺是物體在眼前 15 公分最有立體感，距離超過 1500 公分

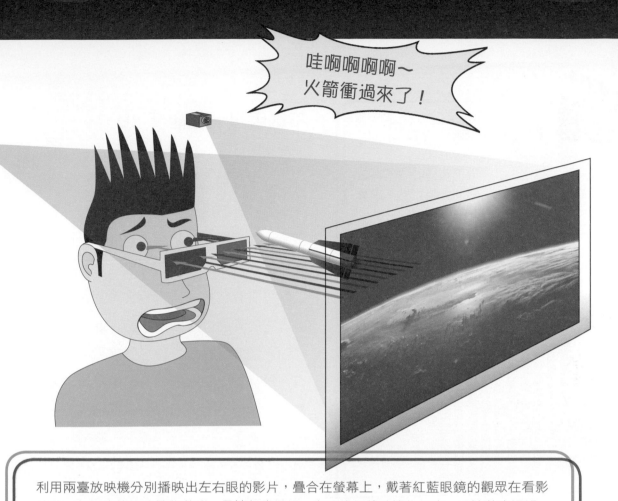

哇啊啊啊啊～
火箭衝過來了！

利用兩臺放映機分別播映出左右眼的影片，疊合在螢幕上，戴著紅藍眼鏡的觀眾在看影片時，左眼的藍鏡片擋住藍光，只讓紅光通過，右眼的紅鏡片擋住紅光，只讓藍光通過，大腦再將兩眼接收的影像重組變成立體影像，造成飛彈朝著觀眾眼前飛去的臨場感。

就不太有立體感了。試著看看遠處的山，它像立體的嗎？

戴上眼鏡，平面變立體！

要讓平面的螢幕產生立體感，就要讓兩隻眼睛能看到略有偏差的不同畫面，目前的 3D 影片多透過「色差眼鏡」、「偏光眼鏡」，讓左右眼接收不同的影像，再由大腦解讀成 3D 影像。

色差眼鏡的左右鏡片顏色不同，最常見的

是「紅藍色差眼鏡」，也有綠紅色差和藍黃色差等。以紅藍色差為例，影片製作時需做出兩部視角略有偏差的影片（早年是用兩臺攝影機，現在已改用電腦後製處理），並分別做成紅色與藍色。播放影片時，利用兩臺放映機播映疊合在螢幕上，此時觀眾戴著紅藍眼鏡看影片，左眼的藍鏡片擋住藍光，只讓紅光通過，右眼的紅鏡片擋住紅光，只讓藍光通過。用這種方法讓雙眼接收不同的影像，大腦就能重組變成立體影像。若你將眼

繪圖：黃榆儒

什麼是偏振光？

光是一種電磁波，具有上下起伏的波形，在自然的情況下，光波振幅的振動方向是四面八方都有。「光柵」具有許多平行的狹縫，如果把光柵放在入射光的路徑上，就能獲得往特定方向振動的「偏振光」。偏光眼鏡就是扮演了光柵的角色，過濾出左右眼該看到的影像，來組合成 3D 影像。

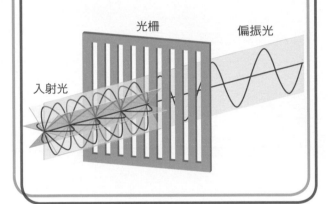

光柵　　偏振光

入射光

鏡拿下來，就會看見影片由紅藍畫面重疊。這種技術成本低，可應用在非 3D 立體螢幕上，但顏色偏差會造成生理上的不舒適。

線性偏光眼鏡則是另一種常用的 3D 眼鏡，左眼鏡片有許多直狹縫，右眼鏡片有許多橫狹縫（也可以讓左邊鏡片是「／」形、右邊是「＼」形的狹縫，只要互相垂直就可以）。把兩部視角略有偏差的影片，分別用互相垂直的偏振光播放，左眼只能看到過濾後的縱偏振影像，右眼則看到橫偏振影像，再透過大腦組成立體影像。

不戴眼鏡，也能看 3D ？

但是，只要一想到看電視還要戴特別的眼鏡，就覺得很麻煩！臺灣是「近視王國」，許多人臉上已經戴了眼鏡，再多戴一副眼鏡只會增加不便。於是有人想到：「何不把眼鏡給電視戴？」

你有沒有在尺、墊板等文具上看過立體圖案？它的表面條紋凹凹凸凸，但只要你輕轉表面，圖案就變成立體形狀或另一種圖案。有一種裸視 3D 電視就是這個原理，它把螢幕上的圖像分割成一條一條很細的「柱狀透鏡」，第 1、3、5、7、9……條射向左眼，第 2、4、6、8、10……條射向右眼，如此就能在腦中形成立體圖像。

這一款 3D 電視最早是由日本夏普公司發明，第一代可以同時供兩個人並排看，第三個人則因為看的角度太斜，畫面會不清楚，目前發展到可以供九個人同時並排看，現今由杜比 3D、菲利浦、夏普合作生產的螢幕甚至可以拼接起來。

在電視上播出的 3D 影片每秒播放 120 張圖像，左右眼各接收 60 張，和日光燈的頻率接近，有些人會覺得電視好像在閃爍。目前最新的技術已經進展到每秒播放 480 張圖像，左、右眼各接收 240 張，看起來就順暢多了，也有 IMAX 的戲院用每秒 480 張的技術。

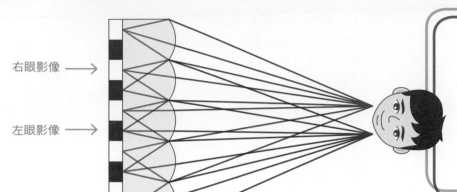

右眼影像 ⟶

左眼影像 ⟶

柱狀透鏡

3D 電視利用螢幕上的柱狀透鏡，將左右眼的影像分別投射到觀眾的左右眼，就像是幫電視戴上立體眼鏡一般，讓觀眾不必另外戴眼鏡，就能享受 3D 效果。

目前美國、英國、日本、韓國、中國都有常態播放 3D 節目的頻道，多以地理風景節目、電影為主；臺灣則在 2012 年倫敦奧運期間，由 MOD 的愛爾達 3D 臺跟日本新力（Sony）合作播出運動賽事。

人們對 3D 影像的需求已經不只是追求看電影的「爽度」，未來工程安全、橋樑監控都有 3D 影像發展的空間。例如「下水道巡邏機器人」，如果它有立體視覺，操控判讀會更方便；醫院的手術系統如果有 3D 影像的幫助，能讓醫師更精準的操刀；自動駕駛車也能在 3D 影像的輔助下，更準確預測。聰明的你還想到哪些應用呢？ 🄯

作者簡介

林三永　謎一般的《科學少年》特約科技記者。

特別感謝晴影立體影像科技有限公司 3D 技術部詹淵全提供技術諮詢。

繪圖：黃榆儒

3D 影片怎麼拍？

你有沒有想過：在電視上看到的月亮都是圓形，如果想把月亮拍成立體球形要怎麼拍？有業者估計，這要用兩臺攝影機，一臺放在台灣、另一臺放在尼泊爾，配合星球自轉、公轉，連續拍攝 10 幾小時才能完成。

目前的 3D 影片，大體上有三種製作方式。第一種是使用一般的方式拍攝影片，再透過電腦軟體轉成 3D 影像，優點是拍攝過程方便，缺點是後製相當花錢。第二種是採用「深度攝影機」，這種攝影機內建「距離感應器」，可以自己估算、加入影片中各種物體位置的距離感，造成立體影像。第三種方式是真實 3D 攝影，拍攝時左、右各一臺 3D 攝影機，模擬左、右眼視角，拍起來效果最真實，但攝影師需要具備計算距離的基本能力，較不容易培養。

身歷其境的 3D 電影

國中理化教師　李冠潔

關鍵字：1. 立體視覺　2. 偏振光　3. 色差　4. 近視　5. 日光燈頻率

主題導覽

　　當眼睛接受到光線，光線進入瞳孔打在視網膜上，便能產生神經衝動，傳入大腦而引起視覺。人體大腦分左右半球，大腦右半球連接左眼，左半球連接右眼，我們能感知周圍物體的立體與遠近，是因為左右眼距離 6 至 7 公分，看到的物體會有視差，但是大腦能夠利用左右眼的視差，產生立體與距離遠近的感覺，因此雙眼視覺比起單眼能更精準判斷距離的遠近，且能看到的範圍更廣泛，對於生存也較有幫助。

　　一般我們人類眼睛可見的光，是波長介於 400 至 700 奈米（nm）之間的電磁波，光是一種電磁波，而電磁波的偏振方向，則是定義為電磁波的電場震盪方向。在真空中或者在均勻的介質當中，這樣的偏振方向與電磁波的行進方向互相垂直，因此可以用偏振片濾掉特定方向的波長，偏光眼鏡就是一種偏振片，能夠過濾出某些特定方向的波，使雙眼接收到不同方向的波，而能在大腦組合形成 3D 影像。

挑戰閱讀王

看完了〈身歷其境的 3D 電影〉後，請你來挑戰以下三個題組。

答對就能得到👍，奪得 10 個以上，閱讀王就是你！加油！

◎人體的神經中樞為腦與脊隨，大腦掌管著我們的感知，例如視覺、味覺、聽覺……等，且右腦掌管左半邊的知覺，而左腦掌管右半邊。目前 3D 的技術大致上就是利用雙眼接受到的光線範圍或顏色有所不同，使視覺產生視差，大腦再利用視差產生立體的影像，所以人如果失去一隻眼睛變成單眼的視覺，對周遭環境的立體感會減少，而且對距離的測量也會出現誤差。請根據描述回答問題：

（　　）1. 雙眼視覺對人體的好處有哪些？（這一題答對可得到 1 個👍哦！）

　　　　①若損壞一隻還有另一隻，不至於完全失明

　　　　②能產生較立體的視覺

③雙眼比單眼的視覺範圍更廣泛

④以上皆是

（　）2.若失去一隻眼睛，比較不會影響下列哪件事？

（這一題答對可得到 1 個👍哦！）

①看書　②打籃球投籃　③開車　④拋接物體

（　）3.如果爸爸早上起床時突然左眼看不見，較不可能是發生什麼事？

（這一題答對可得到 2 個👍哦！）

①睡覺中壓迫到右腦視神經使視覺受影響

②左眼在睡覺中受到壓迫，產生暫時性失明

③左腦中風所導致

④睡前玩手機使雙眼眼壓太高所致

◎人類能看見的光稱為可見光，可見光是特定波長的電磁波，波長大約介於 400 至 700 nm。光具有能量，能引起人類的視覺，且光速是人類發現最快的速度，在真空中約為每秒 30 萬公里，在空氣中光速會略變慢，且介質密度愈大通常光速愈慢。光在均勻介質中是直線前進的，光也遵守反射和折射定律。請根據對光的描述回答問題：

（　）4.下列對於光的敘述何者錯誤？（這一題答對可得到 2 個👍哦！）

①物體的背光側會出現影子，是因為光的直線前進所導致

②當光遇到光滑的平面會反彈回到原來的介質中，這稱為光的反射現象

③光從空氣進入水中會發生偏折，是因為光在水中速度較快

④當光線從空氣進入水中會發生偏折，這稱為折射現象

（　）5.宇宙天體間的距離遠遠超過我們想像，若用公尺、公里來表示遠遠不夠，因此科學家發明了一個較大的距離單位稱為「光年」，光年的定義是光走一年的距離，已知光每秒走 30 萬公里，則光走一年的距離約為多少公里，應如何表示？（距離＝光速 × 時間，這一題答對可得到 2 個👍哦！）

① $3 \times 10^5 \times 1$

② $3 \times 10^5 \times 365$

③ $3×10^5×365×24$

④ $3×10^5×365×24×60×60$

◎可見光除了可以產生視覺外，不同波長的電磁波可以產生不同的色彩感覺，紅光的波長約為 700 nm，紫光約 400 nm，介於 400 ～ 700 nm 的光為人眼可見的光，我們所見的太陽光其實是複合光，主要由紅藍綠三色光合成，三色光能再疊加成其他顏色的光。在可見光之外還有其他波長的電磁波，例如波長在 760 ～ 1000 nm 的光稱為紅外光，320 ～ 400 nm 之間的光稱為紫外光，雖然人眼無法看見超過可見光的波長，但是有些生物能看到人類看不到的光線，例如鳥類能看到紫外光，蛇類能感應紅外光，因此許多動物的視覺能力遠遠超過人類。

（　　）6.關於光的敘述何者正確？（這一題答對可得到 1 個👍哦！）

　　　　①人類能夠感知所有波長的光

　　　　②動物眼中的世界色彩和人類一樣

　　　　③太陽光其實是不同顏色的光疊加而成的

　　　　④光無法疊加成其他顏色

（　　）7.關於色彩的敘述何者錯誤？（這一題答對可得到 1 個👍哦！）

　　　　①太陽只由可見光所組成

　　　　②色彩其實只是不同頻率波長的電磁波

　　　　③色彩只是由大腦所產生的感覺，每個人看到的色彩不盡相同

　　　　④眼睛可同時接受不同波長的電磁波

延伸思考

1.光的三原色和色彩三原色是否相同呢？如果不同，它的原理又是什麼？

2.光與其他常見的波不同，光不需要介質傳遞，且是速度最快的波，除了本文提到
　的特性之外，光還有哪些性質？

3.電磁波除了可見光之外，還以哪些形式存在呢？

失控的高科技廢棄物

在你喜新厭舊的換過一代又一代新手機時，背後產生的高科技廢棄物對環境造成的影響，遠遠超乎你的想像！

撰文／邱育慈

「某公司最新款智慧型手機，將在今年10月開始發售……」每當最新的科技產品問世，總見人潮搶購，產品新功能應用成為大家討論的焦點。對許多消費者來說，追尋最新的科技產品，成了身分認同的表徵，甚至是心靈寄託。

高科技產業看準了消費者喜新厭舊的心態，以驚人的速度更新與淘汰產品。但是在亮麗的銷售表現背後，卻隱藏著棘手的問題：許多科技產品製造過程中產生的大量垃圾，尤其是含有毒性物質的有害廢棄物，仍然無法妥善解決。

在臺灣，政府把生產過程中產生的垃圾歸類為「事業廢棄物」。其中，帶有毒性、足以威脅人類健康及汙染環境的危險物質，則列為「有害事業廢棄物」並加以管理。但是

在被稱為「科技島」的臺灣，有害事業廢棄物非法傾倒的事件長年來仍然時有所聞，令人驚訝的是，這些不法情事卻常是領有證照的廢棄物處理公司所為，他們承攬了工業廢棄物卻沒有好好的處理，將廢棄物亂倒在人跡罕至的水源區、偏僻的山裡，或者是無人看管的地帶等等。

這種對有害事業廢棄物束手無策的窘境，不只發生在臺灣。在科技先進的歐洲，類似的頭痛問題存在已久。

義大利的死亡三角

2015年6月間，在義大利西南部大城那不勒斯以北某處，有個超大型的廢棄物棄置場被揭發了，占地大約60公畝，相當於50座200公尺操場的大小，這可能是歐洲

圖片來源：達志影像

最大的有害事業廢棄物非法棄置場。

經過數天的挖掘，在被發現的 200 萬公噸危險有害廢棄物中，部分甚至來自義大利的鄰居法國。許多裝了廢棄物的桶子被草率丟棄，僅僅用約 10 公分厚的泥土覆蓋。調查單位努力分析廢棄物成分，找出製造的源頭廠商。環保警察說，有些廢棄物是可燃的，相當危險。

其實亂倒垃圾在義大利坎佩尼亞省早就不是新聞。當地人把那不勒斯以北到卡塞塔一帶的荒蕪區稱為「死亡三角」，那裡總因為焚燒不明廢棄物而長年煙霧瀰漫，科學界也早就在關注這類環境汙染對健康的影響。

義大利在 2012 年發表的研究顯示，在那不勒斯鄰近區域的女性，罹患乳癌的機率比平均值高出 50%；另一個義大利與美國合作的研究團隊也發現，這附近部分小鎮的居民，癌症罹患率高出義大利全國平均值 80%。這些研究結果意味著，罹癌的原因可能源自於環境汙染！

幕後操控的黑手黨

2013 年，義大利法院一篇解密的證詞震驚了社會，它揭露了黑手黨長期的非法傾倒。證詞裡，黑手黨黨羽斯基亞沃內說，從 1980 年代後期，直到他 1992 年被捕為止，他們就在南部亂倒有毒廢棄物，不是倒進直達地下含水層的坑洞，就是直接丟進湖中，數量以百萬噸計。廢棄物的來源不只國內，也包括其他國家。證詞解密後，基亞沃內被媒體競相追逐，他在國營電視臺 RAI 訪問中還斬釘截鐵的說：「他們以前這樣做，現

在也還是！」

義大利的一個非營利組織「環境聯盟」（Legambiente）打從 1990 年代初期開始，就一直在研究環境犯罪組織（稱為 Ecomafia）。2013 年他們在報告說明，過去 20 多年來，黑手黨大規模非法傾倒有毒廢棄物，所涉及的 440 多家企業大廠多位於義大利中北部，有些廢棄物甚至來自其他國家。環境聯盟指出，工業界面臨無法有效處理有害事業廢棄物的困境，所以當黑手黨提供收費低廉且處置迅速的服務時，常常難擋誘惑。黑手黨因此坐收暴利，政府卻束手無策。

年輕人站出來！

2013 年 11 月 16 日，數萬居民走上那不勒斯街頭，手持抗議標語，捧著許多罹癌過世親友的照片，控訴黑手黨長年以來在他們的家園周遭亂倒有毒廢棄物，嚴重危害健康與生活品質。

義大利非營利組織「綠諧」（Greenaccord）於 2013 年起連續兩年在那不勒斯市主辦國際環境會議，探討全球當今垃圾處理與資源再利用。兩次會議都吸引了不少當地居民與青年學子到場參與。那些發生在他們出生之前的汙染惡行，可能深深的影響他們的一生。

來自那不勒斯市北方阿韋爾薩小鎮的高中生表示，大家很擔心環境汙染的險況是否已經對當地居民的健康造成影響，因為身邊傳出部分學生與老師罹癌的消息。鎮上老人家更是擔憂，年輕人會因為居住環境不佳，或為了確保下一代的健康，紛紛離開只剩下五萬多人口的小鎮家鄉。也有高中生誓言捍衛家園，要大家提高警覺，如果見到有人疑似在亂倒垃圾，要勇於向警方舉報。

2014 年在義大利綠諧國際環境會議中，環保團體與卡塞塔的居民及年輕學生衝入會場對官員抗議，並向國際媒體控訴。致力於反對非法傾倒的環保團體 Stop Biocidio 成員表示，當地土地汙染已經相當嚴重，許多居民生病，政府卻沒有作為。更令人生氣的是，竟然有官員說非法傾倒不能全怪黑手黨，居民的縱容也是一大原因。

抗議者表示，環境問題也深深影響了當地經濟。從前，坎佩尼亞以許多優質農產品而

▲ 2014 年義大利綠諧國際環境會議中，環保團體 Stop Biocidio 成員到會場控訴非法傾倒問題。

聞名，當地蔬菜、水果及用當地水牛牛奶製成的莫薩里拉乾酪相當受到歡迎。如今，卻因為受汙染的水源與土壤使農產品品質受到質疑。

臺灣接連爆發的汙泥案

同時，在臺灣非法傾倒有害事業廢棄物的情況似乎也愈演愈烈了。2014 年 3 月，負責處理許多科技大廠廢棄汙泥的欣瀛科技公司，竟把有毒汙泥直接丟在高屏溪大樹攔河堰上游的農地裡。那個傾倒廢棄物的大坑長度超過 60 公尺、深度超過 10 公尺，像個大峽谷。若遇大雨沖刷，有害物質恐怕會流進高屏溪，汙染河川。令人擔心的是，高屏溪正是供應南部數百萬人的主要水源之一。根據調查，在大約半年的時間裡，它總共偷倒了大約七萬公噸的汙泥。2014 年底，欣瀛科技因為違反廢棄物清理法遭到起訴。然而，欣瀛只是個案。

2015 年 7 月也有新聞報導指出，不肖廠商陸續把 2500 多公噸的汙泥棄置在臺南市七股等地，那些被亂丟的太空包裡，裝的都是煤灰、煤渣、廢鑄沙等有害事業廢棄物。

更早幾年，也常見到鋼鐵廠廢爐渣被亂倒在農田或溪畔的不法情事。原本這些廢爐渣經過妥善處理可以再被利用，做為道路鋪面工程之基底配料，卻有不肖回收廠商將含有高濃度重金屬的廢爐渣直接亂倒了事。環保團體也擔心含有戴奧辛及其他高濃度

我有問題！

科技業的廢棄汙泥有哪些？為什麼需要管制？

例如 LCD 與 LED 產業常見的汙泥廢棄物有砷汙泥、無機汙泥（氟化鈣汙泥）、銅汙泥等。只要產生的廢棄汙泥含有毒性、有腐蝕性、具易燃性，或者常溫常壓下會有爆炸反應的，都要列管並委託給合格的廢棄物清除處理公司處理。

事實上不只高科技產業，其他像是來自醫療單位的感染性廢棄物、石綿及其製品、含有多氯聯苯的廢棄物，或者是廢鉛、廢鎘、廢鉻等等的有害金屬廢料，也都屬於有害事業廢棄物。

毒性物質的集塵灰，是不是也被偷混在廢爐渣中到處亂倒，嚴重汙染環境了呢？

儘管政府針對載運廢棄物的車輛做路邊攔檢，以及埋伏監視可能的非法棄置場址，但還是有民眾願意將土地出租給不法業者，任其隨意掩埋或棄置廢棄物。這樣看來，似乎只要有利可圖，非法棄置有害廢棄物的事件就無法杜絕。

環境汙染的影響需要相當長的時間才會顯現出來，而這些健康危害、經濟衰退等後果，卻往往是由下一代來承受。在臺灣，高科技產業的有害事業廢棄物，未來是否會被好好處置呢？值得大家深思與觀察。

作者簡介

邱育慈　從事英語外電新聞及科學報導多年，喜好與人分享對環境與生命議題的思索，覺得最能舒緩壓力的方法是遛狗散步。

繪圖：曾建華

失控的高科技廢棄物

國中理化教師　高銓躍

關鍵字：1. 廢棄汙泥　2. 水源汙染　3. 多氯聯苯　4. 金屬廢料　5. 戴奧辛

主題導覽

　　隨著新手機的發表速度愈來愈快，擁有更多酷炫的功能，在這榮景的背後，代價卻是大量的廢棄手機。這些數百萬噸的廢棄物被不肖廠商隨意燃燒、掩埋、丟入湖中，產生的各種有毒物質，以各種途徑進入環境中，再進入人體，如戴奧辛、多氯聯苯、含砷汙泥、各種有毒重金屬等，造成了空氣汙染和水汙染，不僅增加了多種癌症的風險，也造成其他的生理疾病。我們究竟該如何處置呢？

挑戰閱讀王

看完了〈失控的高科技廢棄物〉後，請你一起來挑戰以下題組。

答對就能得到👍，奪得 10 個以上，閱讀王就是你！加油！

◎根據日本電子通信事業者協會調查：三萬支手機可回收一公斤的金，一萬支手機可以回收一公斤的銀。我國環保署調查也顯示：回收一萬支手機所節約的能源約 22 萬度，可供應臺灣 57 個家庭一年的用電。美國蘋果公司走在最前端，於 2020 年世界地球日前夕宣布，未來將朝停止開採稀有礦產和金屬邁進，目標是 100%使用回收材料來製作產品。

（　）1. 由上段文字描述，回收舊手機既可回收貴重金屬，又可以達到節約能源的效果，為何還會造成如本文所描述的「高科技廢棄物」汙染呢？配合本文描述，你認為下列何者可能是原因之一？

　　　（這一題為多選題，答對可得到 2 個👍哦！）

　　　①不肖商人為節省成本，甚至將廢棄物送到第三國家的非正規處理廠

　　　②處理廠商缺乏專業訓練和正規設備

　　　③處理者為取得其中貴重金屬，直接焚燒掉電子產品的塑膠外殼

　　　④廢棄手機被以非法掩埋的方式處理

（　）2.製造手機經常使用的金屬礦石如黑鎢、錫石、鈳鉭鐵礦和黃金，這些礦石大多來自剛果，因稀有珍貴，開採過程常涉及武裝衝突、侵犯人權，因此稱為「衝突礦石」。如能有效回收手機，可以帶來下列哪些好處？

（這一題為多選題，答對可得到 2 個👍哦！）

①大幅減少開採的浪費

②用手機回收的材料，即可再製作新的手機

③減少因採礦過程引起的暴力衝突

④減少因不當焚燒、掩埋造成的汙染

◎依據我國「廢棄物清理法」，事業廢棄物是指事業活動產生非屬其員工生活產生之廢棄物，包括「有害事業廢棄物」及「一般事業廢棄物」。

　一、有害事業廢棄物：由事業所產生具有毒性、危險性，其濃度或數量足以影響人體健康或汙染環境之廢棄物。

　二、一般事業廢棄物：由事業所產生有害事業廢棄物以外之廢棄物。

（　）3.依上段法規條文和本文所描述，下列哪些是有害事業廢棄物？

（這一題為多選題，答對可得到 2 個👍哦！）

① LCD 和 LED 產業的氟化鈣汙泥

②醫療單位的感染性廢棄物，如針頭刀片、手術中使用的紗布

③由製造冷卻劑和潤滑油、變壓器、電容器等而產生的多氯聯苯

④生產金屬鋅的過程產生的鎘

（　）4.爐渣可分成一貫作業煉鋼廠所衍生之鋼爐渣，如中國、中龍煉鋼公司；以及廢鐵煉鋼工廠所衍生之鋼爐渣。前者來源單純，原料並無汙染，工程界將其用來取代水泥建構水壩；後者則因會摻雜許多重金屬和化學物質，經過潔淨與穩定處理後只能做為回填材料，不能取代水泥作為混凝土之膠結材料。由此可知文中提及，被亂倒在農田或溪畔的鋼鐵廠廢爐渣，可能來自哪裡？（這一題答對可得到 2 個👍哦！）

①一貫作業煉鋼廠　②廢鐵煉鋼廠

③中國煉鋼公司小港廠　④中龍鋼鐵公司台中廠

（　　）5.太陽能是臺灣政府當前的能源轉型主力之一，五年後設置量預估要達到20GW，環保署推估，以每片光電板使用20年後除役計算，2035年太陽光電廢棄物恐將達10萬公噸。為了有效解決此問題，下列哪些策略是正確的？（這一題為多選題，答對可得到2個👍哦！）

①委由垃圾焚化廠直接燒毀

②對於隨意丟棄之廠商，處以高額的罰金

③使用者付費，向裝設太陽能板的人分期收取費用，匯集或再生能源發展基金後，用來處理廢棄太陽能板

④透過政府機制引導，催生電廢棄物處理專廠來加以回收再利用

◎生物累積是指同一生物個體，在整個生活史中的不同階段，身體內來自環境的元素或難分解的化合物，濃度不斷增加的現象；生物放大作用則指在同一食物鏈上，高位營養階級生物體內來自環境的元素或難分解化合物的濃度，比低位營養階級生物增加許多的現象。

（　　）6.民國75年元月，在高雄市茄萣區附近海域，尤其是二仁溪口海域養殖的牡蠣呈綠色，經調查發現，銅是導致牡蠣變綠的主要原因。銅來自工廠未經處理的廢五金，由於直接排放進入二仁溪，使得當地養殖的牡蠣體內的含銅量大多在600～800 ppm之間，是正常牡蠣的10倍以上，甚至有高達4410 ppm的紀錄，這是因為何種效應所造成？（這一題答對可得到2個👍哦！）

①光合作用　②生物累積　③生物放大作用　④擴散作用

（　　）7.多氯聯苯曾經在1930至1980年代中期廣泛用於電氣設備、表面塗料和油漆等用途，但由於毒性對人和野生生物造成危害，美國在1979年、歐洲在1980年代發出禁令，國際間也在2001年禁止生產，然而多氯聯苯對生物的威脅卻仍然存在。海洋的頂級掠食者——虎鯨，會接觸到高含量的多氯聯苯，2016年在蘇格蘭發現的一隻虎鯨，正是目前已知多氯聯苯含量最高的生物體。科學家估計這會使得未來30～50年間，全球虎鯨的數量減少一半。請問虎鯨體內的多氯聯苯含量最高，是因為何種效應所造成？

（這一題答對可得到 2 個 👍 哦！）
①生物累積　②滲泌作用　③光合作用　④生物放大作用

延伸思考

1. 據估算，每年約有 700 萬人死於空氣汙染；空氣汙染會導致心血管病疾、各種癌症、肺病，也會對中樞神經產生各種影響，如增加憂鬱症和思覺失調等的比例。請你上網查詢世界各國近幾年的重大空氣汙染事件，並了解政府有何因應措施。

2. 有毒的重金屬約有 14 種，如汞、鎘、鉛等。類金屬砷對於生物有明顯毒性，因此也列在有毒重金屬中。日本 1950 年發生的痛痛病、臺灣 1950 年代在臺南、嘉義發生的烏腳病、2000 年代香山綠牡蠣事件，都是由有毒重金屬所引起，電影《一隻鳥仔哮啾啾》和小說《烏腳庄》甚至都以烏腳病為主題。請你上網查詢相關資訊，了解事件的來龍去脈。

3. 經濟發展與環境保護之間，往往維持著微妙的平衡，但也可能造成衝突。例如因齊柏林《看見臺灣》而聲名大噪的「花蓮水泥案」、爭議許久的「核四案」、最近台中市開罰臺電的「火力發電案」……等。請你上網搜尋在經濟發展與環境保護中，還有什麼樣的爭議項目，以及臺灣政府與世界各國的處理策略為何。

隨心所欲 冷暖氣機

讓人汗流不停的炎熱夏天，冷得讓人直打顫的冬天，
冷暖氣機怎麼讓室內的溫度舒適宜人？

撰文／趙士瑋

夏天裡一波波的熱浪讓人汗流浹背，每當此時，大家都會想躲在冷氣房裡享受陣陣的涼風。到了冬天，如果家裡的冷氣機有「暖氣模式」，只要拿起遙控器，按下切換鍵，不一會兒屋子裡就會變得暖呼呼的。為什麼冷氣和暖氣功能完全相反，卻可以裝在同一個機器中？它們又是如何運作的？為了揭開冷氣與暖氣的奧祕，以下讓我們先從冷氣的原理開始談起，一起來一探究竟吧！

繪圖：曾建華

冷氣機的基本原理

冷氣機能將室內的熱帶到室外，關鍵在於冷氣機管線內流動的「冷媒」。冷氣機剛普及的時候，使用的冷媒是「氟氯碳化合物」，不料此種冷媒散逸至大氣中，竟然造成了臭氧層破洞的嚴重危機。幸好在各國的努力下，1987 年《蒙特婁議定書》正式簽訂，限制氟氯碳化合物的使用，如今臭氧層才慢慢復原。現今冷氣中使用的冷媒，主要是不含氯的氟碳或氫氟碳化合物，較為環保且沒有毒性。

冷媒在冷氣機管線中，有時是液態，有時則是氣態。和水一樣，冷媒從液態變成氣態時，為了要將分子間的距離擴大，必須吸收大量的熱能，反之從氣態變成液態時，則會放出熱能。既然如此，若要達成冷氣的效果，豈不只要冷媒在室內吸熱變成液態，再到室外放熱變回液態，反覆循環就能讓室內的熱不斷轉移到室外？

很不幸的，事情沒有這麼簡單。在自然的情況下，熱一定是從高溫的地方轉移到低溫的地方，直到兩處溫度一樣，達成熱平衡（這句話有個專業的說法，叫做「熱力學第二定律」）。若室內的溫度比室外高，冷媒在室內吸熱之後流到室外排放還可以理解，但若室內的溫度已經比室外低了，冷媒在室內還會吸熱，表示冷媒的溫度比室溫更低，那到了溫度較高的室外，又

怎麼可能會放熱呢？也就是說，在自然的情況下，室內的熱不可能憑空往室外流動。不過不用灰心，要克服這道阻礙，只要額外給予能量就可以了！至於要怎麼給予能量？馬上就要揭曉。

在那之前，先稍稍提示一下：冷媒發生液、氣態間的轉變，不只與溫度有關，壓力也有重要的影響。在低壓的環境下，冷媒分子彷彿想要擴散來填滿空曠的空間，因此即使溫度較低，也可以從液態變成氣態。而若是在高壓環境下，即使溫度很高，冷媒分子也會因為壓力而聚在一起，容易從氣態回復成液態。研究狀態轉變時常用的三相圖，正好描述了這樣的關係。雖然壓力引起的狀態轉變似乎有點「強迫」性質，不過冷媒仍然會因此吸、放熱！

我有問題！

氟氯碳化合物
怎麼會造成臭氧層破洞呢？

早期使用的冷媒統稱為「氟氯碳化合物」，顧名思義其中含有氟、氯和碳三種元素。隨著冷氣愈來愈普遍，這些化合物的產量也愈來愈多，其中有些自然飄散至大氣中，在光照下分解出單一的氯原子，自此產生了嚴重的後遺症。

氯原子會將臭氧層裡的臭氧分子分解成一個氧原子和一個氧分子，更糟的是，氯原子並未隨反應終止而消失，也就是說，氯原子是這個反應的催化劑，可以一次又一次促成臭氧分子的分解！

因此，臭氧層中的臭氧分子愈來愈稀少，阻隔紫外線的能力愈來愈弱，被當時的人們稱為「臭氧層破洞」。

幸好後來的《蒙特婁議定書》嚴格限制了氟氯碳化合物的使用，否則今天的地球還是否適宜人居，就說不準了。

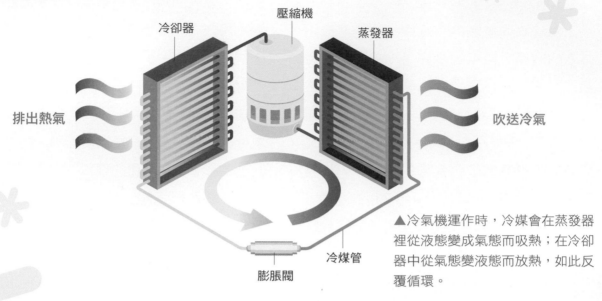

冷卻器　　　　　　壓縮機　　　　　蒸發器

排出熱氣　　　　　　　　　　　　　　吹送冷氣

冷煤管

膨脹閥

▲冷氣機運作時，冷媒會在蒸發器裡從液態變成氣態而吸熱；在冷卻器中從氣態變液態而放熱，如此反覆循環。

冷氣機的構造與運作

　　冷氣機中最關鍵的四個組件，分別稱為膨脹閥、蒸發器、壓縮機與冷卻器。這四個組件以管線連接，形成一個迴路，冷氣機運作的時候，冷媒就在其中不斷循環。它們的功能是什麼？冷媒在循環過程中又發生了什麼變化呢？

　　就從膨脹閥開始說起吧，在膨脹閥的入口，液態冷媒流入，而在它的控制下，冷媒離開的流量減少、流速增加。這時分子間的距離變遠了，有更多空間可以自由活動，彼此碰撞、摩擦產生熱的機會也降低，因此冷媒處於低溫低壓的狀態。

　　蒸發器就是冷媒吸收室內熱量的地方，雖然被管線隔絕，不會和空氣直接接觸，但低壓使得冷媒自動由液態快速氣化，加上這時冷媒的溫度較室內低，仍然會有大量熱能從外界流入。冷媒所吸收的室內熱能中，大部分都用於從液態轉換為氣態，所以離開蒸發器進入壓縮機時，溫度、壓力僅略微上升。

　　溫度、壓力相對較低的氣態冷媒在壓縮機中進行壓縮後，分子間的距離大幅縮小，不僅壓力上升，分子間頻繁的碰撞也造成溫度提高，甚至高於室外溫度，利於下一階段冷卻的進行。

　　高溫高壓的冷媒會在冷卻器中將熱釋放出來。窗型冷氣機的冷卻器就是露在屋外的部分，廢熱直接向屋外排出，這也是為什麼行經冷氣在屋外的出風口會覺得有股熱風吹過的感覺。至於分離式冷氣，冷卻器同樣位在室外機中，只不過與室內機間是用較長的管線連結而已。氣態冷媒一進入冷卻器，便會因為高壓而被迫液化，同時經過壓縮機壓縮後，冷媒溫度變得高於室外，兩者都使得熱

繪圖：黃榆儒

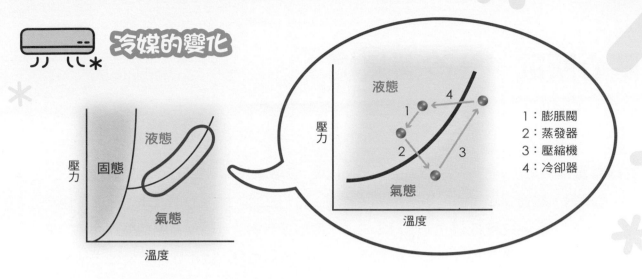

冷媒的變化

▲膨脹閥、蒸發器、壓縮機與冷卻器，每一個都會改變冷媒的溫度和壓力，以及它的狀態。標記 1～4 的四個箭號是在這四個組件中，冷媒溫度和壓力的變化情形，而四個點則表示離開前一個組件後的溫度與壓力。

量釋放出來。回復到液態的冷媒，壓力、溫度皆有降低，接著繼續前往膨脹閥，開始下一個循環。

簡單來說，為了克服熱能向溫度低處流動的趨勢，由外界輸入冷氣機的電能主要用在控制冷媒的壓力上。為了讓冷媒順利在室內吸熱，膨脹閥會將其轉換為低溫低壓的狀態；而為了讓冷媒在室外能順利放熱，壓縮機則將其轉換為高溫高壓的狀態。

冷氣、暖氣本一家

既然冷氣是將室內的熱轉移到室外，只要讓冷氣機的冷媒改成在室外吸熱、室內放熱，不就成了暖氣？實際運作上正是如此，兼具暖氣模式的冷氣機切換模式時，冷媒在內部循環的方向會反轉過來，也就是說冷氣模式時從室內吸熱的蒸發器現在成為放熱的

冷卻器，而原本將熱釋放至室外的冷卻器則成了吸熱的蒸發器。

液態冷媒經膨脹閥降溫降壓後，不再先流入冷氣機靠室內的部分，而是先到室外氣化而吸熱。接著氣態冷媒仍然回到壓縮機中，增壓、增溫後才進入室內，放熱回復成溫壓較低的液態冷媒。至於冷媒流動的方向要怎麼反轉？這你就別擔心啦！從冷氣切換到暖氣時，內部管線中的閥門也會跟著一起切換，限制冷媒不會向錯誤的方向流動。雖然冷氣和暖氣功能完全相反，原理卻是一模一樣喔！ 科

趙士瑋　目前任職專刊律師事務所，與科技相關的法律問題作伴。喜歡和身邊的人一起體驗科學與美食的驚奇，站上體重計時總覺得美食部分需要克制一下。

隨心所欲——冷暖氣機

國中理化教師　李頤鋒

關鍵字：1.冷氣機　2.冷媒　3.吸熱、放熱　4.物質三態變化

主題導覽

　　大抵而言，臺灣是溫暖的，年平均溫度約在 22℃，而平均最低溫也不過 12～17℃左右，照理說應該非常舒適，不過那可是從「平均」的角度來看。當炎炎夏日來臨時，濕濕的空氣再加上 33～35℃的高溫，常使人汗流浹背，就像手裡拿著的冰淇淋一樣快融化了。冰淇淋在嘴裡化開，溶入舌尖，能帶來沁涼暢快的感覺，但總比不上冷氣機的冷房效果帶來的通體舒暢。這就是冷氣機中關鍵組件的厲害！

　　另一方面，臺灣的冬天盛行東北季風，原本就有寒意，若加上遇到強烈大陸冷氣團、寒潮爆發，雖不致冰天雪地，可是體感溫度極低，穿起厚厚的羽絨外套，仍讓人縮手縮腳，這個時候就不禁讓人懷念起溫暖的太陽和方便的電暖爐。所幸科技始終來自於人性，現代科技發明了冷暖空調，讓我們的生活，不管是炎熱的夏天或寒冷的冬天，都可以維持一定的舒適度。

挑戰閱讀王

看完〈隨心所欲——冷暖氣機〉後，請你一起來挑戰下列問題！

答對就能得到👍，奪得 10 個以上，閱讀王就是你！加油！

◎過去因為使用氟氯碳化物（CFC_S）做為冷氣機的冷媒，嚴重破壞了臭氧層，於是 1987 年 26 個國家在加拿大蒙特婁市簽署了《蒙特婁破壞臭氧層物質管制議定書》（簡稱蒙特婁議定書），用來管制各國的氟氯碳化物的生產量，並分階段限制氟氯碳化物的使用，1996 年 1 月 1 日，氟氯碳化物正式被禁止生產。在限制氟氯碳化物的同時，1980 年代氫氟碳化物（HFC_S）取代會破壞臭氧層的氟氯碳化物，但是隨著時代進步，冷暖空調及冰箱的使用數量愈來愈大，氫氟碳化物對環境的危害也愈來愈明顯。世界各國開始限制氫氟碳化物的使用，研發安全和環保的冷媒成為各國刻不容緩的重要目標。

（　）1.冷氣機剛普及時，所使用的冷媒因含氟氯碳化物，造成臭氧層破洞。為了
限制氟氯碳化物的使用，請問世界各國簽署了下列哪一項文件，好讓臭氧
層可以慢慢復原？（這一題答對可得到2個👍哦！）
①京都議定書　②巴黎協議　③蒙特婁議定書　④哥本哈根協議

◎物質可以看成是由許多粒子所組成的，這些粒子可能是原子或分子，物質的狀態
取決於粒子和粒子之間的距離。
當溫度升高時，會讓粒子振動的
速度加快，振動的幅度變大，因
此粒子間的距離會逐漸增加，於
是物質的狀態便會發生改變。

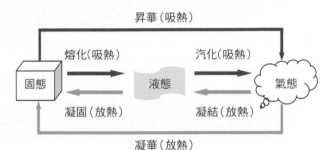

（　）2.在自然狀況下，有關熱量
的流動，下列選項何者是正確的呢？（這一題答對可得到2個👍哦！）
①由熱量高的地方流動到熱量低的地方
②由熱量低的地方流動到熱量高的地方
③由溫度低的地方流動到溫度高的地方
④由溫度高的地方流動到溫度低的地方

（　）3.在冷氣機的四個最主要組件中，哪一個組件是冷媒吸收室內熱量的地方
呢？（這一題答對可得到3個👍哦！）
①膨脹閥　②蒸發器　③壓縮機　④冷卻器

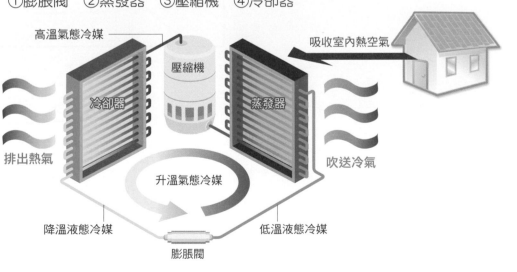

圖片來源：Wikimedia Commons，繪圖：黃榆儒

◎「溫度」和「壓力」是物質三態變化的主要因素。為了了解物質溫度和壓力對物質三態變化的影響，科學家經由實驗結果繪製出「三相圖」。

右上圖是某一物質的三相圖，由虛線對應到的點便可判斷此物質的狀態，如當壓力達到 P_1、溫度達到 T_1 時，此時物質狀態在 A 點，呈現液體；如果壓力達到 P_2、溫度達到 T_2 時，如 B 點，恰好落在熔化曲線上，那就表示此物質此時正在熔化狀態。三相圖也可以用來找出物質的熔點和沸點。

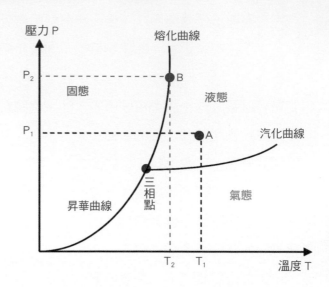

4. 右下圖為水的三相圖，由圖可知，當壓力 P=0.006 大氣壓、溫度 T=0.01℃時，兩虛線剛好交會在三相點，你可以簡述此時三相點的特徵嗎？（這一題答對可得到 3 個👍哦！）

答：

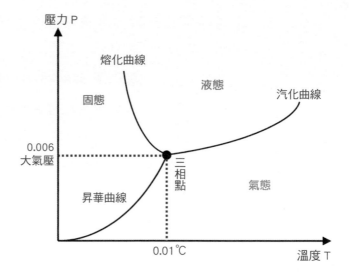

延伸思考

1. 科技日新月異，為人們帶來許多生活的便利和舒適，但往往在無意中破壞了我們所居住的地球，每每要等到發生問題才做亡羊補牢的工作。關心環境才會愛護環境，請利用便利的網路世界，查詢《蒙特婁議定書》的由來。也請你查一查什麼是《京都議定書》？什麼是《巴黎氣候協議》？

延伸閱讀

一、「物質三態」是什麼？ 自然界的物質都占有空間、具有質量，在一般的情況下，均能以固態、液態或氣態存在，我們把這三種狀態稱為「物質三態」（有時也把「物質狀態」稱為「相」，但「相」的定義比較嚴謹）。

常溫下，粉筆和石塊有固定的體積和形狀，不會隨著擺放的容器改變，此種的狀態稱為固態。水和麥芽糖等物質可以流動，體積固定，但形狀會隨著盛裝的容器改變，此種狀態稱為液態。水蒸氣和空氣等物質也一樣可以流動，形狀會隨容器改變，也會因為壓縮而改變體積，此時所呈現的狀態為氣態。

物質可以看成是由許多粒子所組成的，這些粒子可能是原子或分子，物質的狀態取決於粒子和粒子之間的距離，我們從下列表格及模擬圖形就可了解物質三態各自的特性：

物質狀態	粒子模型	粒子運動性	粒子間距離	物質體積	物質形狀
固態		粒子位置固定，在原處振動	極小	固定	固定
液態		在容器內自由活動，但粒子間距離比固體大	中等	固定	不固定
氣態		粒子間距離很大，粒子脫離群體，各自行動	極大	不固定	不固定

物質受熱（吸熱）後溫度升高或冷卻（放熱）後溫度降低，物質的形態便會發生變化，例如冰塊（固態）受熱後，熔化成水（液態）；如果再繼續加熱，水會蒸發甚至是沸騰，變成水蒸氣（氣態）。這一路的轉變，我們稱為物態變化。

除了溫度之外，壓力也是影響物質狀態的重要因素，當外界壓力增加時，一般固體物質不容易熔化。登山的人煮食物時，也會遇到水容易沸騰但食物煮不熟的經驗，這是因為山上氣壓低，造成沸點低，以致於水很容易變成水蒸氣跑掉，食物便不容易煮熟。為了解決食物煮不熟的問題，解決的方法就是使用壓力鍋調節壓力。換句話說，溫度升高能增加物質組成粒子間的距離，相對的，壓力卻能讓組成物質粒子間的距離不易增加。

二、冷暖氣機的關鍵角色：冷氣機可以讓空氣變冷，但暖氣機卻是讓空氣變暖，這兩個相反的效果，為什麼可以設計在同一臺機器裡呢？要了解冷暖氣機的運作原理，就得要認識其中的關鍵要素——冷媒。

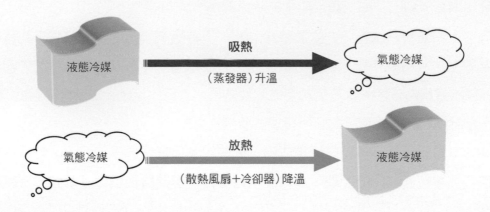

冷媒利用它在液態與氣態之間的變化所吸收和放出的熱量，來達到冷房及暖房的效果。如果單就冷氣機的功能來探討，冷氣機是藉由下列步驟進行冷房效果：

　　1. 在室內機蒸發器裡的液態冷媒吸收房間內熱空氣的熱量，讓熱空氣變涼。

　　2. 再讓風扇把冷空氣吹入室內。

　　3. 液態冷媒因為吸熱變成氣態冷媒。

　　4. 氣態冷媒到室外機後，進入壓縮機轉變成高溫氣態冷媒。

　　5. 到了冷卻器中放出熱量，液化變成液態冷媒。藉由散熱風扇排出熱空氣。

　　6. 進入膨脹閥，處於低溫狀態。最後再進入室內將熱空氣變涼，繼續下一個循環。

　　而暖氣機呢？重點還是冷媒，冷暖氣機只要由冷氣機模式切換至暖氣機模式，那麼冷媒的循環方向便會反轉，一樣藉由冷媒在液態與氣態之間的變化，來吸收和放出的熱量，就可以達到暖房的效果。

肥油變肥皂

想洗掉手上的油汙，
就得用肥皂，
但是你知道嗎？
肥皂其實是用油做的喔！
一起來動手做出你的
專屬手工皂吧！

撰文、攝影／陳坦克

繪圖：曾建華

西元前七世紀，埃及國王舉行一場盛大的宴會，當廚房裡忙得不可開交的時候，一位糊塗的廚師竟然打翻了一罐食用油，他為了不讓別人發現而遭受責罵，就順手拿了灶爐中燃燒過後的灰燼去覆蓋，再一坨一坨的捧到廚房外面丟掉。當他回到廚房洗手時，發現這些黏稠的東西竟然可以很輕鬆的就洗掉，而且雙手竟然洗得比平常還要乾淨。

類似的故事也曾經發生在 4000 年前的古希臘。在一個叫勒斯波斯的小島上，有一群婦人正在溪邊清洗衣服，突然從上游流下來一些白色膏狀物體，婦人們發現當這些膏狀物體沾到衣服上時，會使衣服清洗得更加乾淨。好奇的婦人們決定往上游一探究竟，她們發現一個祭壇正在進行著祭天的儀式，這些居民在木頭堆上燃燒著祭祀用的牲畜，從牲畜身上流出來的脂肪遇上木頭燃燒過後的灰燼，在高溫的情況下，很快就形成了剛剛所看到的白色膏狀物體。

雖然這種膏狀的清潔用品在當時還沒有正式的名稱，不過聰明的你應該猜得出來，那其實就是「肥皂」了吧？這次就讓我們一起來製作專屬於自己的手工肥皂吧！

動手做肥皂

金屬鍋、打蛋器（電動攪拌器）、塑膠量杯、電子天平、溫度計、塑膠杯、油脂（橄欖油、大豆油、椰子油、棕櫚油、甜杏仁油）、氫氧化鈉、水。

番外篇：篦麻油、酒精、甘油。

實驗步驟 —— 準備鹼液

Step ①

使用塑膠量杯秤取 94 g 的水，再秤取 41g 的氫氧化鈉，加到水中，製成 30％的氫氧化鈉水溶液。氫氧化鈉加水會放熱，等待氫氧化鈉水溶液降溫至 40℃。

注意

氫氧化鈉屬於強鹼性物質，溶於水中會放出大量的熱，製作過程要配戴護目鏡與手套，並且注意安全。

繪圖：曾建華

Step ②

用金屬鍋秤取 300 g 的大豆油，將氫氧化鈉水溶液緩慢加入大豆油中，並使用打蛋器攪拌 20 分鐘，直到呈現黏稠狀。

Step ③

將半成品皂液倒入塑膠杯中，將皂液放在陰涼的地方，等待一個月後，即可取出成品肥皂使用。

Step ④

使用不同的油脂（甜杏仁油、橄欖油、棕櫚油、椰子油），依表中的比例，重複以上步驟，就可以做出各種不同肥皂。

手工皂 配方表

	大豆油	甜杏仁油	橄欖油	棕櫚油	椰子油
油脂	300 g	300 g	300 g	300 g	300 g
氫氧化鈉	41 g	41 g	40 g	42 g	57 g
水	94 g	94 g	92 g	97 g	131 g

皂化反應：油脂變肥皂

法國化學家謝弗勒爾（Michel-Eugène Chevreul）是研究脂肪的高手，他最知名的研究就是從動物性油脂中，提煉出多種常見的脂肪酸，之後更改良了當時蠟燭的成分，促進了蠟燭工業的發展。

1823 年，他將多年研究脂肪的成果匯集成一本《對動物脂肪的研究》，裡面提到皂化反應就是脂肪在鹼性液體的作用下發生水解，產生醇類與脂肪酸鹽的過程。簡單來說，就是油脂在經過氫氧化鈉的反應之後，生成脂肪酸鈉鹽類和副產物甘油的一種反應，其中脂肪酸鈉鹽就是我們通稱的肥皂。

肥皂又是如何去油呢？脂肪酸鈉鹽是一種同時含有親油端與親水端的分子，由碳所組成的長碳鏈，結構與油脂的脂肪酸長碳鏈相似，因此可以與油脂相溶，稱為親油端；另一頭則是羧酸鹽的結構，遇到水會解離而溶於水中，可以與水相溶，稱為親水端。

在清潔油汙的時候，脂肪酸鈉鹽的親油端會溶於油脂中，把油團團圍住，而露在外側的親水端就會將整團油帶入水中，使油跟著水一起沖洗掉，達到洗淨的效果。

肥皂的去汙原理

肥皂分子的親油端會將衣服纖維上的油汙團團圍住，接著親水端會將整團油汙往水中拉，最後使油汙隨著水一起被沖洗掉。

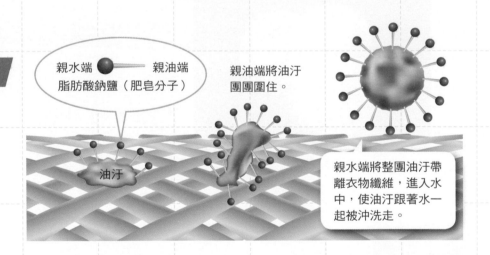

皂化反應

油脂遇到強鹼（氫氧化鈉）時，會發生水解，生成脂肪酸鈉鹽類和甘油。其中脂肪酸鈉鹽就是我們俗稱的肥皂。

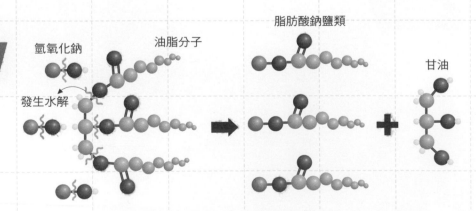

繪圖：黃榆儒

番外篇
晶瑩剔透的透明皂

為什麼有些肥皂是透明的？

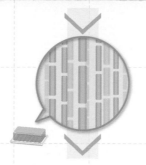

普通肥皂
肥皂分子之間排列不均勻，且沒有方向性，因此光線無法穿透。

透明肥皂
肥皂分子之間排列均勻，並朝同一方向排列，光線可以穿透。

透明皂配方	油脂比例	蓖麻油	60 g
		橄欖油	30 g
		棕櫚油	120 g
		椰子油	90 g
	氫氧化鈉		46 g
	純水		166 g
	酒精		130 g
	甘油		70 g

市面上所販售的肥皂百百種，除了添加色素使肥皂呈顯五彩繽紛的色彩，添加香精使肥皂在使用的時候十里飄香，還有一種比較特別的就是透明皂。到底要如何才能做出透光力十足的肥皂呢？

一般的肥皂不是透明的，是因為肥皂的分子與分子之間有微弱的吸引力，互相糾扯在一起，形成很大一團的肥皂結晶。這些肥皂結晶排列方式非常不均勻，直的、橫的、斜的、隨意排列，導致肥皂之間出現不同大小的空隙。當光線照射在這些糾結在一起的肥皂分子上面時，因為無法穿透這麼大一團的肥皂結晶和不規則的空隙，於是就形成不透明的狀態了。

想要做出透明皂，就必須使肥皂分子排列整齊，並且拉開一定的距離，讓光線可以穿過層層整齊的肥皂分子，達到透光的效果。

在配方方面，主要是提高溶劑的比例來調整分子排列，其中甘油的比例最重要。

我們可以使用蓖麻油、椰子油、棕櫚油和橄欖油混合而成的調和油，放在黑晶爐上面加熱至 70℃，隨後加入些許酒精後均勻攪拌，使肥皂分子之間可以拉開一定的距離，再加入氫氧化鈉溶液進行皂化反應，在皂化反應的過程中必須要注意隨時補充揮發掉的酒精，只要肥皂溶液開始出現混濁的狀態時，就要補充加入酒精。加熱攪拌一小時後，倒入些許甘油增加透明度，就可以將肥皂液倒入模型中冷卻定型了。

作者簡介

陳坦克　曾擔任國立臺灣科學教育館實驗課程講師，目前是淡江大學化學系「化學遊樂趣」的活動企劃，旅行於全台灣各地的偏鄉學校，利用趣味性十足的科學實驗活動來說明艱深難懂的科學知識，傳遞科學的種子。

肥油變肥皂

國中理化教師　李冠潔

關鍵字：1. 皂化反應　2. 親水端　3. 親油端

主題導覽

　　肥皂是前人的偶然發現，不論是古埃及、希臘還是中國都有類似記載，肥皂改變了人們的環境衛生，也減少了疾病的發生，可說是相當偉大的發現！試想：生活中如果沒有肥皂或清潔劑，不斷用水還是沖不乾淨油油的手，鍋碗瓢盆永遠油膩膩、衣物也洗不乾淨，那將是多麼不舒服的事。

　　現在我們知道，肥皂其實就是利用油脂與鹼性水溶液共煮，產生脂肪酸鈉鹽和甘油的化學變化，這種反應又稱為「皂化反應」；而脂肪酸鈉鹽就是我們俗稱的肥皂。

　　大部分的髒汙都可用水洗掉，那麼為何油汙無法用水沖掉呢？因為油分子是一種非極性分子（分子電荷分布均勻，整體分子不帶電），而水為極性分子（分子電荷分布不均，使分子部分帶正電，部分帶負電），一個帶電、一個不帶電，當然無法完美的融合在一起。然而肥皂分子一端可以溶於水（稱為極性端或親水端），一端可以溶於油（稱為非極性端或親油端），這種結構特殊的分子正好解決了油與水不互溶的情形，就能讓被肥皂分子包覆的油汙，隨著水一起被沖洗掉，達到潔淨的效果。

親水端

肥皂分子結構圖

親油端

鈉離子鈉溶於水後會解離，使親水端帶負電。

挑戰閱讀王

看完〈肥油變肥皂〉後，請你一起來挑戰下列問題。

答對就能得到👍，奪得 10 個以上，閱讀王就是你！加油！

◎有一種特殊的水，會使肥皂失去洗滌能力，這種水稱為「硬水」。這裡的硬水指的不是物理性質方面的軟硬，而是指水裡含有較多的鈣鎂離子鹽類，例如：碳酸氫鈣（$Ca(HCO_3)_2$）、硫酸鈣（$CaSO_4$）、硫酸鎂（$MgSO_4$）等鹽類。上

繪圖：黃榆儒

述鹽類含量較低的水，則稱為軟水。水的硬度太高（鹽類太多）會影響口感，喝起來有點異味，而且鈣離子或鎂離子能和肥皂形成不能溶解的鹽類，使肥皂在水中無法搓出泡泡，且會有肥皂沖不掉的感覺，洗滌能力下降。若用硬水洗衣服，沉澱的浮渣會附著在衣服上，晒乾後會使衣物變硬；此外，硬水在加熱煮沸時還會產生白色沉澱的鍋垢，沉澱於鍋爐上，長時間下來會造成鍋爐加熱不均勻，容易發生意外。因此，若是居住的地方硬水程度太高，則不建議使用肥皂，可以改用人工合成的清潔劑，例如洗衣精、洗手乳，則可避免此現象。

（　）1.關於肥皂分子的去汙原理何者正確？（這一題答對可得到 3 個👍哦！）

①肥皂分子可以把油汙分解成其他物質，使其溶入水中而達到清潔效果

②肥皂分子利用親油端和親水端，把油汙溶入水中達到清潔效果

③肥皂分子利用置換反應將油汙溶入水中達到清潔效果

④肥皂分子把油汙氧化並溶入水中達到清潔效果

（　）2.根據上文，下列敘述何者錯誤？（這一題答對可得到 2 個👍哦！）

①皂化反應會改變油脂的分子結構

②肥皂分子一端可以溶於油中，一端溶於水中

③油汙跟水可以互溶

④硬水會使肥皂分子形成沉澱

（　）3.硬水會對我們生活造成什麼影響？

（這一題是多選題，答對可得到 3 個👍哦！）

①降低肥皂的清潔能力

②用肥皂和硬水洗衣服會較乾淨

③在熱水瓶中形成一層白色鍋垢

④未過濾的水飲用起來會有異味

（　）4.肥皂去汙原理的順序應如何排列？（這一題答對可得到 3 個👍哦！）

①肥皂溶於水

②利用親水端將油汙脫離物體表面帶入水中

③肥皂分子的親油端插入油中

④將油汙包圍成小油滴

延伸思考

1.你認為硬水是如何形成的？為什麼每個地區的水軟硬度不一樣？

2.水中如果含有太多的鈣鎂離子鹽類，會降低肥皂的清潔效力。除了煮沸之外，有沒有其他的方法可以降低水中的鈣鎂離子含量呢？

分子食物大破解

漫畫編劇／郭雅欣　漫畫繪圖／曾建華　撰文／龐中培

好餓……
好餓……

咦，阿文你中午沒吃嗎？

是有吃啦……不過我吃很少……

我只吃了一個雞腿便當、一杯珍奶，外加兩個麵包跟一根烤玉米……

你這叫吃得少嗎～？！

剛好附近有一個新開的「分子夜市」，聽說裡面賣的都是「分子料理」。晚上去逛逛好了！

什麼是分子料理啊？

所謂的分子料理是指把葡萄糖、維生素 C、檸檬酸、麥芽糖醇等等可食用的化學物質進行組合或改變食材分子結構，再重新組合。

也就是從分子的角度製造出……

等一下！我已經開始聽不懂了！

明明是一粒粒砂糖，放進機器轉一轉，一下就成為輕飄飄雲朵般的棉花糖；
看起來像是生蛋黃的食物，咬下去卻流出果汁，
食物烹調的方式本來就千變萬化，現代的廚師更結合了科學知識，
創造出讓人驚奇連連的新食物。

哈哈……其實沒有那麼複雜啦！隨著科技進步，料理的方式也在推陳出新。

有些很厲害的廚師利用新的科學知識與技術，創造出具有獨特口感的料理，讓人覺得很驚奇。這類食物被稱為「分子料理」。

哇，好厲害啊！

既然叫做「分子料理」，是指它們的「分子」有什麼改變嗎？

哈哈……其實很多分子料理並不是真的有「分子結構」上的變化……只是改變了呈現的形態或口感而已。

蛤？所以只是名字很炫而已嘛！

但是聽說真的既特別又美味唷！

真的嗎？那我們快出門吧！

現在才下午五點，夜市還沒開始啦～

哈哈哈

嘩

分子夜市

可以參考
看看喔～

買一送一耶！

神奇生蛋黃
買一送一

珠奶茶這幾年馳名國際，不分男女中外，都迷上了圓滾滾、有嚼勁的珍珠。在分子食物中，這樣圓滾滾的料理也不少，最早的分子料理名菜之一，就是西班牙名廚亞德里亞（Ferran Adria）在目前轉為烹調研究中心的鬥牛犬餐廳（de Bulli），推出了「偽魚子醬」——那些很像魚子醬的小小晶瑩顆粒，裡面包的其實是哈密瓜汁。

以假亂真的果汁蛋黃

現在這種膠體小球裡面包的東西愈來愈多采多姿，棗紅色的葡萄酒醋、鮮黃的果汁、

橙紅的甜椒汁，甚至把蛤蜊肉連湯帶汁也做成圓滾滾的料理。這種料理看起來賞心悅目，吃起來出乎意料，處理起來更頗為費事，因為運用到了化學。

構成膠體的分子是海藻酸鈉或是鹿角菜膠，你可以先準備喜歡的果汁、高湯，把這些膠體分子放入其中，這個時候果汁會變得很濃稠，但還不會凝固。接著準備另一個鍋子，裡面放著含有葡萄酸鈣的溶液。把濃稠的果汁滴入葡萄酸鈣的溶液後，溶液中的鈣會使得果汁滴表面的膠體分子彼此連接，就形成了膠體，但是裡面沒有接觸到鈣，因此保持為原本濃稠液態。

不過就算是在膠體中，鈣也能擴散，因此膠體小球在含鈣的溶液中浸泡得愈久，膠層就會愈往內加厚，最後就變成類似珍珠的小球。如果想要停止這個過程，只要把小球拿出來，用水清洗乾淨，然後

攝影：翁誼光

可是不是說有禽流感，最好不要吃生蛋黃嗎？

這不是真的蛋黃啦，是用特殊手法做出來的「果汁蛋黃」！

你看有很多種水果的口味呢！

水果我就敢吃了！

那我們快嘗嘗看吧！

用 85℃的水煮 10 分鐘就可以了。

　基本上，只要沒有含鈣的液態食材，都可以用這套方法處理。想想看，在分子料理餐廳中，服務生端上一盤宛如珠寶般的料理，其實都是「偽物」：看起來像蛋黃的其實是哈密瓜膠球，看起來像鮭魚卵的其實是胡蘿蔔膠球，那看起來像是珍珠的應該是牛肉醬汁？搞不好真的是珍珠奶茶的珍珠喔！畢竟牛肉醬汁中可能含比較多鈣，而且和哈密瓜、胡蘿蔔的味道不搭！分子料理其實就是發展出新奇的方法，讓食物除了能填飽肚子、色香味更上一層樓之外，還能帶來驚喜的口感。

鮮嫩多汁的真空烹調牛排

　我們常聽到，食物要煮「熟」的概念，就是加熱到水的沸點，也就是 100℃。加熱主要是改善食物的口感和殺菌，有些食物如果處理得當，是不需要加熱到 100℃就可以吃的，例如水果、生菜、生魚片等，這些食物生的就很好吃了。

▲密封在塑膠袋裡的「真空牛排」。

　也有些食物半生熟最好吃，例如你一定聽過的牛排，通常都是五分熟最佳，吃起來多汁軟嫩。肉類在加熱的過程中，肌肉纖維會收縮，你如果煎過肉，會發現肉熟了之後肉會縮小，水煮的肉也一樣。肉收縮時，內部的水分會被擠出來，就沒有那麼多汁了。

　可是如果是生的肉（例如牛肉），直接吃會太有嚼勁，不容易嚼爛，這是因為肌肉纖維之間還有許多堅韌的膜狀結構分隔著，這種類似筋的構造含有許多膠質，十分強韌，讓肉不容易爛，所以在切肉片、肉絲的時候，下刀的方向都要垂直於肉纖維的方向，

這樣切出的肉比較嫩。

等等,這樣超矛盾的,既然加熱會讓水分跑出來而沒有肉汁,不加熱肉又很難咬,到底要怎麼做呢?現代的廚師已經知道,肉類的膠質大約會在 55℃ 的時候分解,因此最好的方式就把肉加熱到 55℃,讓膠質分解而流失的水分降到最低。如果用傳統方式處理,當肉中心部位 55℃ 時,外面一層已經全熟、甚至有點焦了,要解決這個問題,最好的方式就是用 55℃ 的水來煮肉,方法很簡單:把肉密封到塑膠袋中,放入恆溫的水槽中慢慢加熱,就可以煮出柔軟多汁的肉了,也就是最新流行的「真空烹調」,所謂「真空」不是真的空,而是在密封的塑膠袋中「沒有空氣」,這樣加熱才會均勻。

由於烹煮的溫度很低,因此真空烹調需要花很長的時間才能煮好(溫差大傳熱才快),光是煮個蛋就大約需要半小時,煮大塊的肉往往要好幾個小時,也因此只有專業廚房才方便進行這種料理。

如果你喜歡肉的表面帶點焦香,只要把煮熟的牛肉稍微煎一下,或是用高溫把表面烤焦就可以了。

超綿密的液態氮冰淇淋

大人小孩都喜歡的冰淇淋,不但消暑,更有著甜美的滋味、柔軟滑膩的口感。能夠這樣是因為冰淇淋在製作過程中,讓材料中所含的水分在溫度降到 0℃ 以下凝固時,所形成的結晶非常非常小,這樣吃的時候感覺不到冰的顆粒,就有滑順的口感。

而冰淇淋綿密的口感,其實是因為裡面含有許多空氣,那些漂浮飲品上「浮」著的一球球冰淇淋,恰恰證明了它們的密度比水低。你可以做個小實驗:買一個杯裝的冰淇淋,放在室溫下融化,然後看看裡頭的液面高度,你會發現比原本的冰淇淋低!這是由於冰淇淋融化之後,沒有固態的結構封住裡面的空氣,空氣就消散出來,體積減少了。

因此,冰淇淋的製作原理有兩個:避免冰晶形成、內部包裹氣體。現代廚師知道了這個原理之後,便利用液態氮。把零下 196℃

圖片來源:達志影像

的液態氮倒入冰淇淋材料中，同時迅速攪拌，這樣就能夠讓材料迅速降溫而且裡面包裹著氣體，幾分鐘就可以做出冰淇淋了。攪拌得愈迅速均勻，冰淇淋的口感就愈綿密。

食物冷凍時內部的水所產生的冰晶往往會破壞食物組織，因此解凍之後有些食物的口感會變，很多時候比不上新鮮的食物。但是有些食物則特別利用這種特性，像是火鍋中常用到、能夠吸滿湯汁的凍豆腐，就是把一般的豆腐放入冷凍庫。在冷凍的過程中，水形成的冰晶會長大，把豆腐中其他物質「擠」成網狀，解凍之後水流掉了，就成為多孔蓬鬆的凍豆腐了。

攝影：十六咩

絲絲甜蜜的棉花糖

輕飄飄的棉花糖好像能夠浮在天空一樣，它的原料是家中常用的白砂糖，但是「質地」完全不同。棉花糖的做法是先把白砂糖放到一個周圍布滿細孔的小鍋子中加熱，等到糖融化之後，小鍋子旋轉，糖液因為離心力的關係，從細孔中被甩出來。這些液態的糖很黏，因此甩出去時不是一滴一滴的，而是像細線般，然後在空氣中迅速凝固，成為白色絲狀，纏成一團就變成棉花糖了。

撕一小塊放到嘴裡，入口即化還帶有些微涼意，除了很甜之外，和原料砂糖的口感完全不同。這就是分子食物的奧妙之處了。如果用放大鏡觀察一粒粒的砂糖，會發現每粒砂糖都是規則的方體，而且表面平滑，這是

▲倒入液態氮時會產生大量煙霧，讓冰淇淋的製作過程就像一場表演秀。

因為砂糖顆粒是蔗糖分子一個個排列整齊構成的，因此表面光滑，而且呈現半透明。

但是在製作成棉花糖的過程中，砂糖顆粒融化了，蔗糖分子間的排列也被打亂，然後突然降溫，因此這些分子沒有辦法形成結晶，也沒有光滑的表面，這種紛亂的排列方式會讓光線散射，因此使得棉花糖變成白色。如果你見過刨冰的製作過程，可以發現原本透明的大冰塊刨過之後，就成為白花花的刨冰，原理是一樣的。另外，使用瑪瑙般帶有透明金黃顏色的麥芽糖拉成的雪白龍鬚糖，也是相同的道理。

砂糖溶解到水中時會吸收熱，由於棉花糖的表面積很大，因此很快就會大量溶解在你的唾液中；這時會吸熱，所以棉花糖就帶有稍許清涼的口感。

口味獨特的「奶泡」

泡泡也拿來吃，聽起來相當空虛。但是那些裝飾蛋糕的雪白鮮奶油，其實都是泡泡，只是那些泡泡太細小了，你無法輕易發現它們的真面目而已。像是發泡奶油這樣的食品其實有些特性：它不是固體但是容易塑形，也很輕，因此能夠大量被放在各種柔軟的食物上，雖然富有滋味、口感也很特殊，但是不會讓人覺得飽足，。

除了鮮奶油之外，咖啡的奶泡和啤酒的泡沫，也是餐桌上常見的泡泡。食物能產生這些泡泡，主要是其中含有能夠使泡泡變得穩定的物質。當你攪拌一盆水，也會出現泡泡，這是由水的表面張力所造成的，但是這些泡泡很快就破裂了。如果你攪動的是肥皂水，泡泡就能夠比較持久，這是因為肥皂使得泡泡變得穩定。

這些「餐桌上的泡泡」除了好看，或是讓你在上面灑上肉桂粉做拉花之外，其實具有

實際功用：隔絕溫度、保持香氣。咖啡要熱、啤酒要冰，那些泡泡就像是羽絨外套一樣，蓋在液體表面上，能夠阻絕空氣的對流，減緩食物溫度變化的速度。當你喝下這些飲料，那些泡泡很容易在你的嘴邊破裂，其中包含的香氣分子就會很快衝進鼻子，因此香味特別濃郁。

牛奶能夠發泡是因為其中含有大量的蛋白質和脂肪，而啤酒雖然沒有那麼濃稠也有泡泡，是因為啤酒中有二氧化碳冒出來。追求現代廚藝的廚師當然不會滿足於傳統食材打出來的泡沫，他們如今用明膠和卵磷脂之類的材料，輔以加壓氣體，把各式各樣的濃稠食物製作成奶泡，已經拿來打成泡沫的材料包括高檔的鵝肝醬，還有隨手可得的馬鈴薯，或是滋味濃郁的蘑菇。不論來自動物界、植物界或真菌界，這些材料都要先處理得非常細碎，而且做成的泡泡通常也非常細膩、接近發泡奶油的那種類型，和啤酒泡泡大不相同，沒有那麼「空虛」。

對於一些堅守傳統廚藝、以飲食文化傳承者自居的廚師而言，這些「表裡不一」的分子食物可能有如邪門歪道，但是食物講求色香味俱全，這些分子食物不但包含這三者，還多了「趣」，也讓我們了解到烹調不只是把食物適當料理而已。更何況，我們現在認為新奇的分子食物，到了未來可能會成為另一種「傳統」呢！

作者簡介

龐中培　曾任《科學少年》雜誌編輯總監、《科學人》雜誌特約撰述。

分子食物大破解

國中理化教師　高銓躍

關鍵字：1. 膠化　2. 葡萄酸鈣　3. 冰晶　4. 海藻酸鈉　5. 表面張力　6. 離心力

主題導覽

　　《美國廚房實驗》節目的編輯總監傑克‧畢曉普（Jack Bishop）說過：「做飯就是化學和物理實驗，唯一的例外是你要把你的實驗產物吃掉」。分子食物料理主要是透過乳化作用、晶球化反應、液態氮以及低溫烹調等方法，將食物以不同的風味、樣貌來呈現，創造出全新的美食體驗。如果有機會品嘗，你願意試試看嗎？

挑戰閱讀王

看完〈分子食物大破解〉後，請你一起來挑戰以下題組。

答對就能得到👍，奪得 10 個以上，閱讀王就是你！加油！

◎平常吃的布丁、洋菜凍、果凍、奶酪等，是在液體食物中加入「凝固劑」，如吉利丁、洋菜膠，產生膠化現象而形成不同口感的的膠體。分子食物則更進一步將膠化食物製成不同形狀，如 Fruit　Spaghetti 便是將果凍做成義大利麵條狀，呈現出看起來像麵條，吃起來卻是充滿水果風味的果凍料理。

（　　）1. 下列哪一種生活中常吃的食物，運用到膠化現象的原理？
　　　　　（這一題為多選題，答對可得到 2 個👍哦！）
　　　　　①優格　②蒟蒻　③石花凍　④豆花

（　　）2. 根據本文的描述，要製作以假亂真的果汁蛋黃，挑選的液體需不含下列哪一種離子？（這一題答對可得到 2 個👍哦！）
　　　　　①鈉　②鈣　③鐵　④碳

◎球化是指讓某液體的表面形成一層膠，包覆裡面的液體，將其咬破時裡面的液體會流出來，形成一種特殊的口感，由於不同於一般傳統料理而給人驚豔的感覺。球化的原理是海藻酸鈉與鈣離子反應形成膠狀物質。

（　　）3. 根據本文的描述，下列何者物質可以產生球化反應？

（這一題答對可得到 2 個 👍 哦！）

①海藻酸鈉和果汁　②鹿角菜膠和果汁

③海藻酸鈉和葡萄酸鈣　④海藻酸鈉和珍珠

（　　）4. 根據本文的描述，膠層隨時間會愈往內加厚，最後變成類似珍珠的小球，

可以如何終止這樣球化反應呢？　（這一題答對可得到 2 個 👍 哦！）

①加入海藻酸鈉

②加入鹿角菜膠

③加入葡萄酸鈣

④將小球取出，放入清水中洗淨，再以 85℃的水煮 10 分鐘

◎將食物煮熟的目的，通常是為了改善口感、殺菌和殺死寄生蟲。根據美國食品藥
品監督管理局（FDA）的肉品規範報告指出，豬肉只要「以 61℃，烹煮超過 1
分鐘」，或者「以 49℃，烹煮超過 21 小時」就能完全殺死寄生蟲。

（　　）5. 肉類加熱可以改變口感而更容易嚼爛，由本文描述可知原因為何？

（這一題答對可得到 2 個 👍 哦！）

①使肌肉纖維收縮，將內部水分擠出

②讓肌肉纖維佈滿富含膠質的膜狀結構

③使肌肉纖維中的膠質分解

④使肉類發生發酵作用而變質。

（　　）6. 文章中所描述的「真空烹煮」，是將肉品放入密封袋中，再以 55℃的水來
烹煮，但在一般家庭中不容易這麼做。請問主要原因為何？

（這一題答對可得到 2 個 👍 哦！）

①不容易使密封袋中達到真空

②不易使肉受熱均勻

③不易將寄生蟲完全殺死

④烹煮時間過長

◎冰淇淋是混合了牛奶、鮮奶油等乳製品，再加上香料、甜味劑或人工香精製作而成。在降溫的過程中，一邊透過緩慢攪拌，在材料中拌入空氣讓口感更綿滑，並且防止產生冰晶；最後便會呈現半凝固狀態。

(　　) 7. 根據本文的描述，下列何者是製作出冰淇淋綿密口感的條件？

（這一題為多選題，答對可得到 2 個👍哦！）

①加入乳脂肪　②避免冰晶產生

③添加防凍劑　④使其內部包裹大量空氣

(　　) 8. 裝飾蛋糕的雪白鮮奶油、咖啡上的奶泡、啤酒上的泡沫，都是包裹著空氣而形成的大量細微泡泡。下列何者可能是這些細微泡泡的作用？

（這一題為多選題，答對可得到 2 個👍哦！）

①像羽絨衣一樣覆蓋在食物上，使溫度下降緩慢

②包裹氣泡分子，使香味特別濃郁

③可在上面撒上肉桂粉做拉花

④增加食物的飽足感

延伸思考

1. 在中秋節吃的月餅或端午節吃的粽子中常見的餡料鹹鴨蛋黃，傳統的做法是將鴨蛋泡在高濃度的食鹽水中，或是以食鹽包裹鴨蛋，再靜置約一個月而製成。然而過程中的蛋白因含鹽量太高，常被丟棄而造成浪費和汙染。苗栗農工的師生研發出冷凍方式來製作鹹鴨蛋，不僅只需三天的製作時間，更可以使蛋白能用來製作蛋糕等，獲得了第 54 屆中小學科展第一名。請你上網搜尋相關新聞報導，更深入了解內容。

2. 對於用餐的經驗，除了受食物本身的味道影響，還深受香味、聲音、擺盤、餐具重量、光線等許多因素的影響，因此高檔的餐廳無不在各方面都下足功夫，即使是生活中常見的零食，也特別講究包裝，為了就是讓消費者有最好的美食經驗。請你與朋友討論有什麼樣的美食經驗，讓你印象特別深刻呢？

3. 美食是一門藝術，也是一門科學，例如烤麵包、烤牛排過程發生的梅納反應、焦糖化反應和酯化反應，利用各種「呈味胺基酸」的結合而發生的「鮮味協同作用」，達到被許多廚師稱為「鮮味炸彈」的作用等，都是科學與美食的結合，來達到色、香、味無限變化的可能性。請你與朋友討論，或上網搜尋，有哪些料理也應用了美食科學的原理呢？

吃得苦中苦

吃到苦味會令人覺得噁心想吐，
究竟苦味是怎麼來的？
苦的味道對人體有害嗎？
然而有些苦的成分反而能治病？
讓我們一起來認識苦味！

撰文／高憲章

近年來常可以看到許多藝人或模特兒，在螢光幕前得意的分享別具特色的指甲彩繪，也愈來愈多人喜歡替自己雙手的指甲變身，設計各種別出心裁的圖案與顏色，吃東西時還會特別小心，別把畫得漂漂亮亮的指甲給咬壞，但是要是吃炸雞時忍不住把手指放進嘴裡吸吮，這時就會吃到苦苦的味道了，該不會是吃到溶劑了吧？

塗指甲油時會聞到濃濃的溶劑氣味，其實是因為含有乙酸乙酯的成分而有刺鼻味，不過吃到苦苦的滋味並不是這個成分造成的，而是另一種特別添加避免誤食的化學添加劑——苦味劑。

為了避免人們誤食生活中的許多物品，科學家發明了一種添加物，只要有不想讓人放進嘴巴吃下去的東西，就會添加一些，讓它的味道激發人類最原始的厭惡本能，讓人自然而然的想要吐出來，不會吞下去。比方說指甲油、洗車精、洗衣精等等物品的製造廠商，在生產過程中都會加入這種添加劑。這種添加劑苦味相當重，只要沾到一點就會感覺相當的苦，而趕緊從嘴裡吐出來呢！

繪圖：曾建華

保命的苦味

苦味是人類舌頭上的其中一種味覺，我們能很快的嘗出各種味道，其中在酸、甜、苦、鹹、鮮這五種味覺中，鹹味最快能感覺到，苦味反而慢一些，不過我們對苦味的感覺是其中最靈敏的，只要放進嘴巴的東西含有一丁點兒苦，我們就能夠察覺出來。會造成苦味的化合物很多，不過一般分為兩種，一種是含有氮的長鏈有機化合物，另外一種則是生物鹼；生物鹼這類的化合物（例如奎寧、尼古丁、嗎啡等等），很常被拿來做成藥物，許多劇毒植物中的毒素也屬於生物鹼，所以人體對苦味的感測能力這麼敏感，就是因為我們的身體要透過這個機制保護生命，避免誤食劇毒的食物。不過，也不是所有苦的東西都有毒，所以不要拿這個當做挑食的藉口喔！很多我們常吃的食物雖然帶有苦味，如苦瓜、黃蓮、原味的巧克力、咖啡、啤酒、萵苣等等，絕大部分對身體都是有益的！

苦味的標準

同樣是有苦味的東西，有的超級苦，有的一點點苦，是不是應該要有個標準呢？科學家以奎寧這個化合物的苦味做為基準，奎寧一開始是從南美洲的金雞納樹發現的，經過幾百年的傳播，到後來能夠人工合成，人類終於不用再大量砍伐金雞納樹，也可以得到奎寧來對付瘧疾。雖然現在部分地區的瘧疾原蟲已經對奎寧產生抗藥性，不過奎寧仍舊是基礎醫療的重要化學品。

說來說去，做為藥物的奎寧，沒生病好像就沒什麼機會碰到，所以雖然說奎寧是苦味的基準，如果想嘗嘗看奎寧，要去哪裡找呢？只要到超市或大賣場找通寧水（Tonic water），就能嘗到奎寧了！以前通寧水只是用碳酸水和奎寧混合而成，發給外派前往熱帶地區的士兵帶著以治療瘧疾，可是因為太苦了，所以士兵發明了把通寧水跟琴酒混合在一起喝的方法，這後來變成現在很熱門的雞尾酒——琴通寧。（未成年的小朋友不可以喝酒，也要提醒長輩喝酒不開車喔！）

琴通寧（GIN TONIC）

在酒杯中放入冰塊，倒入琴酒，傾斜杯口後沿著杯壁加入冰的通寧水，擠一點點檸檬汁後把薄荷葉丟進去，不用攪拌就是電影裡常看到的雞尾酒——琴通寧。

▲琴通寧是常出現在電影中的雞尾酒。

奎寧的發現

在 16 世紀時，瘧疾是很可怕的傳染病，醫生知道這種疾病是透過蚊子傳播，卻無法治療。

歐洲醫生到了秘魯時，發現當地居民會咀嚼某種樹皮治療發燒。

原來在安地斯山脈會生長某種樹，這種樹皮能夠緩解瘧疾的症狀。

1630 年，秘魯總督夫人患病，原住民獻上這種樹皮而治好了她，後來把樹命名為金雞納樹。

西班牙人佔領秘魯後，將這種樹皮大量帶回歐洲。

同時試著在歐洲種植金雞納樹，因為金雞納樹只能生長在赤道附近，所以沒有成功。

因此南美洲的金雞納樹被大量砍伐。

19 世紀，科學家才從金雞納樹的樹皮中提煉出了奎寧，但還不知道這種物質的化學結構。

1945 年，美國化學家合成出奎寧，金雞納樹才不用再被人類砍伐。

繪圖：蘇偉宇

總之，奎寧畢竟是藥物，現在的通寧水中奎寧的含量沒有以前那麼高，不過那種淡淡的苦味還是存在，想要知道苦味的基準是什麼樣子，買一罐通寧水來喝喝看就知道了！只要含有 0.0001％的奎寧，我們的舌頭就能夠分辨出那一絲苦味。

▲通寧水常被用來當成調酒的原料。

美味的苦味

除了奎寧，生活中也有不少有一點點苦的食物被人們喜愛，最好的例子是咖啡跟巧克力，不少現代人每天早上非得喝一杯咖啡才能好好工作，可是咖啡其實帶有苦味，剛開始喝咖啡的人，可能會覺得有夠苦澀、超難喝；黑咖啡也許超級苦，但是加入大量牛奶調成拿鐵，或加入牛奶泡沫調成卡布奇諾，甚至是加入熱巧克力調成摩卡，味道會變香醇。而習慣咖啡的苦味，再加上咖啡因提神的功用，咖啡反而變成人手一杯的飲料了。

另一個例子是巧克力，含有豐富的鎂、鉀、維他命與可可鹼，但是巧克力這個字來自於「xocolatl」這個中美洲古語，這個字是「苦水」的意思，

為了調和巧克力中的苦味，我們加入了糖、乳製品、脂肪等各種各樣的添加物來調味，巧克力變成大家都喜愛的甜食，甚至是浪漫的代名詞，想必沒有多少人可以拒絕巧克力的誘惑吧！

正因為有許多苦味的東西，對人類其實是有益的，才有這麼多人投入苦味的研究，。因此可別對食物預設立場、認為它是苦的，這樣就會打從心裡不想碰。大家都聽過「良藥苦口」這句話，對幼兒而言，苦味造成的心理陰影遠比大人來得強，所以很多製藥公司都想盡辦法讓藥能夠透過包裝、配藥、調味等等方式來降低苦味，小時候吃中藥，藥師常常塞一把山楂餅給小朋友，目的也是幫人解除中藥帶來的苦味。

▲通常帶有苦味的食物會添加乳製品或糖，中和苦味。

人工添加的苦味劑

　　就如同指甲油中含有的苦味劑，人類對於苦味的排斥感，讓我們能夠避免很多的危險。苦味劑是設計來做為添加物，使其氣味變得很可怕，或是變得根本無法入口，用來防止誤食有害的物質，例如氣味和乙醇非常像的甲醇，不小心喝到甲醇會失明，但是因為混有甲醇的工業用酒精比較便宜，所以曾經有不肖廠商拿來偷偷加在一般的飲用酒中做成假酒，造成許多人因為喝了假酒而送醫，於是現在就有在甲醇與工業用酒精中加入苦味劑的規定。

　　苦味劑也可以加在塑膠產品中，防止誤食和啃咬，前陣子有個非常著名的例子，讓許多人把電玩遊戲變成試苦大會：舔舔看任天堂公司最新主機的遊戲卡，上面加了苦味劑——苯甲地那銨。

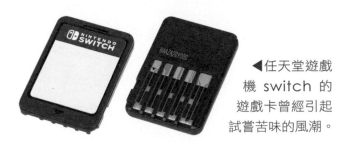

◀任天堂遊戲機 switch 的遊戲卡曾經引起試嘗苦味的風潮。

苯甲地那銨

　　苯甲地那銨是在 1958 年時由麥克法倫・斯密斯在研究「利多卡因」時所發現的。利多卡因算是我們很常接觸到的一種麻醉藥，在看牙醫的時候需要部分麻醉，就會用到它，利多卡因就是合成苯甲地那銨的原料。

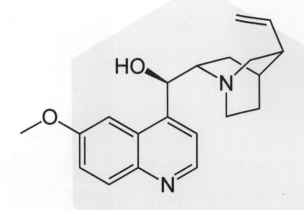

▲奎寧（Quinine），化學上稱為金雞納鹼，可用於治療與預防瘧疾的藥物。

▲利多卡因（Lidocaine），為一種局部麻醉藥，可用於治療心臟疾病。

▲苯甲地那銨（Denatonium benzoate），商品名稱為 Bitrex 或者 Aversion，如果以奎寧為基準 1，則這種的苦度表現為 1000，此化合物是目前已知最苦的化合物，主要被用做厭惡劑和驅散劑。

我們可以從左頁圖中看到這兩個化合物的結構長得有七八分像，不過嘗起來可是天差地遠，利多卡因是一種聞起來沒有味道的白色固體，事實上看起來還有點像味精；不過苯甲地那銨是人類所能碰到最苦最苦的化合物，而且非常容易溶解，嘴巴隨便碰到一點點或舔一下就像被苦味猛獸襲擊，那個驚人的苦味很快就會散布到整個口中，所以苯甲地那銨被註冊成 Bitrex（中文名「必苦」）的商品，以非常醒目的商標警告人們千萬小心不要吃到這個苦味劑，只需要 10 ppm（每公升中所含毫克量）的濃度，正常人就無法忍受。

▲市售的噴霧劑或變性酒精都有添加苦味劑避免誤食。

這種苦味劑實在太好用，只要是擔心被人類誤食的東西，抗凍劑、動物驅逐劑、清潔劑、洗髮精、指甲油，甚至是像遊戲卡帶這種塑膠產品中，只要加了苯甲地那銨，碰到舌頭接觸味蕾的那一瞬間，人體的自然反應就會避開掉這些不該也不能吃的東西啦！

吃得苦中苦

不論是苦味的基準——奎寧，或是苦味的極致——苯甲地那銨，我們都有機會嘗到，有些帶有苦味的東西對人體是有益的，有些則是我們所需要的藥物，而有些添加苦味的東西，目的是阻止我們放入口中。

平常飲食營養均衡，有個健康的身體，就能避免吃很多苦苦的藥，至於那些放了苦味劑的產品，是為了避免人們誤食，本來就不是用來吃的。有句話說：「吃得苦中苦，方為人上人。」但沒事還是別把這些東西放到嘴巴裡去試苦吧！

作者簡介

高憲章　在淡江大學理學院科學教育中心擔任執行長，同時負責化學下鄉活動計畫，跟著行動化學車全臺跑透透，經由各種化學實驗與全臺各地的國中生分享化學的好玩與驚奇。因為個子很高，所以是名符其實的高博士。

圖片來源：Wikimedia Commons、Hiuppo

吃得苦中苦

國中理化教師　高銓躍

關鍵字：1.有機化合物　2.乙酸乙酯　3.生物鹼　4.奎寧　5.苦味劑　6.苯甲地那銨　7.ppm

主題導覽

苦，是人類五種味覺之一。從生物演化的角度，許多有毒的植物含有具苦味的生物鹼，因此人類對苦味特別敏感，且會自然排斥苦味，以避免誤食有毒植物而喪命，是一種保護機制。然而有些具有苦味的食物，對人體有益處，如苦瓜、黃蓮、萵苣、咖啡等。人們有時會透過添加糖、牛奶、脂肪等方式，使得具苦味的食物變得美味，例如巧克力。而奎寧作為苦味的基準，同時是基礎醫學的重要化學藥物喔！

挑戰閱讀王

看完〈吃得苦中苦〉後，請你一起來挑戰以下題組。

答對就能得到👍，奪得 10 個以上，閱讀王就是你！加油！

◎為了避免人們誤食有毒物質，如指甲油、變性酒精、洗車精、洗衣精等，廠商常會在此類產品中加入苦味劑。

（　）1.從文章中描述可推測，添加在指甲油中的苦味劑是下列何者化學藥品？

（這一題答對可得到 1 個👍哦！）

①乙酸乙酯　②奎寧　③甲醇　④苯甲地那銨

（　）2.下列何者不是人的基本味覺之一？（這一題答對可得到 2 個👍哦！）

①酸　②甜　③苦　④辣

（　）3.苦味是人類最為敏感的味覺，依文章描述可知原因是什麼？

（這一題答對可得到 2 個👍哦！）

①自然界中許多劇毒植物含有苦味的生物鹼，討厭苦味是一種保護機制

②具有苦味的食物都是有害的，討厭苦味是一種保護機制

③苦味的味蕾主要分佈在舌尖，因此最容易感受到

④可以讓人類容易分辨出食物的酸鹼變化，協助身體的酸鹼平衡

◎雞尾酒是組合了任何類型的烈酒、砂糖、水和苦酒的刺激烈酒,傳統上以琴酒為基底,1980 年代後伏特加則成為必有的基底。據說嚥下一杯雞尾酒的人會願意嚥下任何其他東西(引申為願意包容一切)。

(　　)4.從文章中描述可以知道,下列哪些具有苦味的物質其實對人體有益處或療效?(這一題答對可得到 1 個👍哦!)

①乙醇　②變性酒精　③奎寧　④苯甲地那銨

(　　)5.雞尾酒琴通寧主要是以通寧水加上琴酒、檸檬汁所調製而成,一開始是由熱帶地區的士兵調合而成,和許多現代烈酒的祖先一樣,最早的用途是藥。由文章中描述可知,在通寧水中加入琴酒的目的是什麼?

(這一題答對可得到 2 個👍哦!)

①增加治療瘧疾的效果

②使苦澀、難以下嚥的通寧水變得順口

③將酒稀釋,避免飲酒過量

④使琴通寧具有多種色彩變化,增加鮮豔度

(　　)6.根據文章描述,為了讓我們更容易接受具有苦味但對人類有益的食物或藥物,下列哪些是可行的方法?

(這一題為多選題,答對可得到 2 個👍哦!)

①在咖啡中加入牛奶,變成拿鐵

②在原味巧克力中加入糖、乳製品、脂肪

③在酒中加入甲醇

④吃完苦味的藥後,吃一片梅餅

◎苯甲地那銨是目前已知最苦的化合物,如果以奎寧為基準 1,則苯甲地那銨的苦度為 1000,因此被用作厭惡劑和驅散劑。

(　　)7.依文章所描述,下列何者生活中的物品會加入苯甲地那銨?

(這一題為多選題,答對可得到 2 個👍哦!)

① switch 的遊戲卡帶　②抗凍劑　③洗髮精　④噴霧劑

（　　）8.老鼠藥中會添加苯甲地那銨，以避免人類誤食，卻仍能維持滅鼠效果，你
認為原因可能為何？（這一題答對可得到 2 個👍哦！）
①老鼠特別喜歡苦味
②老鼠對於苯甲地那銨的敏感度遠低於人類
③苯甲地那銨只有對人類具有毒性
④老鼠藥中的苯甲地那銨濃度不高

延伸思考

1. 你曾聞過廚房瓦斯外洩的的味道嗎？事實上瓦斯是無色無味的氣體，人們在瓦斯中加入具有臭味的化學物質，當瓦斯洩漏時才可以立即發覺並處理，避免發生燃燒或爆炸等事故，這種化學物質稱為臭味劑。請你上網搜尋有關臭味劑的性質，在自然界中有何類似的應用呢？

2. 瑞典央行於 2019 年 12 月 19 日宣布，將政策利率從 -0.25％調升至零，終結了實施將近五年的負利率政策，當時《金融時報》指稱，瑞典央行儼然是「貨幣礦坑裡的金絲雀」。「礦坑裡的金絲雀」是什麼意思？金絲雀又在礦坑中扮演著什麼樣角色呢？請你上網找尋答案！

3. 奎寧又稱金雞納霜，是人類從金雞納樹的樹皮中提煉出來，可以有效預防和治療瘧疾的藥物，在這次新型冠狀病毒疫情的治療上，也受到醫學界的重視。根據統計，美國在 1981 ～ 2014 年間，FDA 核准的治療用藥當中，65％的藥物是自然產物、自然產物的衍生物，或是模仿自然產物設計的合成藥物。請你上網搜尋，還有哪些藥物也來自於大自然界？

多讀書有益健康！

科學少年
好書大家讀

跨界素養持續放送中！

學習STEM的最佳讀物
酷科學系列

文字輕鬆簡單、圖畫活潑有趣
幫助孩子奠定 STEM 基礎

 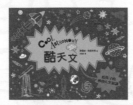 

酷實驗：給孩子的神奇科學實驗
酷天文：給孩子的神奇宇宙知識
酷自然：給孩子的神奇自然知識
每本定價 380 元

酷數學：給孩子的神奇數學知識
酷程式：給孩子的神奇程式知識
酷物理：給孩子的神奇物理知識
每本定價 450 元

揭開動物真面目
沼笠航系列

可愛插畫 × 科學解說 × 搞笑吐槽
讓你忍不住愛上科學的動物行為書

有怪癖的動物超棒的！圖鑑　　定價 350 元
表裡不一的動物超棒的！圖鑑　　定價 480 元
奇怪的滅絕動物超可惜！圖鑑　　定價 380 元
不可思議的昆蟲超變態！圖鑑　　定價 400 元

化學實驗好愉快
燒杯君系列

實驗器材擬人化
化學從來不曾如此吸引人！

燒杯君和他的夥伴　　定價 330 元
燒杯君和他的化學實驗　定價 330 元

燒杯君和他的偉大前輩（暫定）
預計 2020 年 12 月出版

中文版書封設計中

解答

世紀天才：現代物理學之父——愛因斯坦
1.② 2.④ 3.① 4.③ 5.④ 6.④ 7.③

磁力會跳舞
1.④ 2.② 3.④ 4.② 5.④

身歷其境的 3D 電影
1.④ 2.① 3.③ 4.③ 5.④ 6.③ 7.①

失控的高科技廢棄物
1.①②③④ 2.①②③④ 3.①②③④ 4.② 5.②③④ 6.② 7.④

隨心所欲——冷暖氣機
1.③ 2.④ 3.②

4.水的三相點表示在壓力 $P = 0.006atm$、溫度 $T = 0.01°C$ 時，「固態的冰」、「液態的水」、「氣態的水蒸氣」三者可以穩定共存。

肥油變肥皂
1.② 2.③ 3.①③④ 4.①→③→④→②

分子食物大破解
1.①②③④ 2.② 3.③ 4.④ 5.③ 6.④ 7.②④ 8.①②③

吃得苦中苦
1.④ 2.④ 3.① 4.③ 5.② 6.①②④ 7.①②③④ 8.②

科學少年學習誌
科學閱讀素養◆理化篇 3

編者／科學少年編輯部
封面設計／趙璦
美術編輯／沈宜蓉、趙璦
資深編輯／盧心潔
出版六部總編輯／陳雅茜

發行人／王榮文
出版發行／遠流出版事業股份有限公司
地址／臺北市中山北路一段 11 號 13 樓
電話／02-2571-0297　傳真／02-2571-0197
郵撥／0189456-1
遠流博識網／ www.ylib.com　電子信箱／ ylib@ylib.com
ISBN978-957-32-8882-4
2020 年 11 月 1 日初版
2024 年 6 月 20 日初版五刷
版權所有‧翻印必究
定價‧新臺幣 200 元

國家圖書館出版品預行編目

科學少年學習誌：科學閱讀素養理化篇3／
科學少年編輯部編 . --初版 . --臺北市：遠流，
2020.11
88面；21×28公分 .
ISBN978-957-32-8882-4（平裝）
1.科學2.青少年讀物
308　　　　　　　　　　109005009